U0268583

槇 文彦

FUMIHIKO MAKI

国外著名建筑师丛书

傅克诚 编著
FU KE CHENG

中国建筑工业出版社

图书在版编目（CIP）数据

槇文彦 / 傅克诚编著． —北京：中国建筑工业出版社，
2013.12
（国外著名建筑师丛书）
ISBN 978-7-112-16113-3

Ⅰ.①槇… Ⅱ.①傅… Ⅲ.①槇文彦－建筑艺术－研究
Ⅳ.①TU–093.13

中国版本图书馆CIP数据核字（2013）第270524号

本书刊登的槇文彦的作品、图片全部由（株式会社）槇综合计画事务所提供。
本书出版得到招商局地产控股股份有限公司和华东建筑设计研究总院资助。
本书得到上海大学（都市社会发展与智慧城市建设）内涵建设研究项目资助。
本书为上海大学都市社会发展与智慧城市建设内涵建设项目成果。
特在此表示感谢，并向中国建筑工业出版社致谢。

责任编辑：唐　旭　吴　佳
责任校对：肖　剑　赵　颖

国外著名建筑师丛书

槇　文彦
Fumihiko Maki
傅克诚　编著

*

中国建筑工业出版社出版、发行（北京西郊百万庄）
各地新华书店、建筑书店经销
北京锋尚制版有限公司制版
北京顺诚彩色印刷有限公司印刷

*

开本：787×1092毫米　1/16　印张：14¼　字数：350 千字
2014年3月第一版　2014年3月第一次印刷
定价：109.00元
ISBN 978-7-112-16113-3
（24750）

Fumihiko Maki

前言

世界著名建筑家　槙文彦

撰写导则

通过一册书全面介绍世界著名建筑家槙文彦50年来近百项著名作品及几十年的理论及外界评论，难度很大。经过多方征求意见，撰写导则按照中国建筑工业出版社主编（国外著名建筑师丛书）系列所制定的结构，以三部分（评述、作品、论文）作为体系编写，希望能较全面呈现槙代表性的作品及理论。

第一部分 评论槙的创作原点；
第二部分 作品（1960–2013年代表作品33项）；
第三部分 论文（槙代表论文）。

国内介绍槙文彦的中文书很少，希望通过这三部分的如实介绍可以弥补其不足。对于大量国外出版介绍槙文彦的论著来说，将槙50年的业绩全面汇总一册书内很有挑战性。
荣幸的是本书能由中国建筑工业出版社出版，并且获得了槙文彦先生的支持，由（株）槙综合计画事务所提供全部宝贵图片资料。并直接指导编著，保证了本书的质量。

本书的特点
1. 忠实于槙文彦作品及理论的真实性。

很难得在槙文彦先生支持下得到设计作品资料图片原件，很难得能有机会与槙文彦先生及主持槙总合计画事务所工作与槙共事40年的福永知义Tomoyoshi Fukunaga副社长，担任2011年东京新陈代谢展策划者槙事务所主任设计师长谷川龙友（Tatsutomo Hasegawa）等位多次对本书内容指导交流，并由哈佛出身的槙事务所的建筑师迈克尔·西普肯斯（Michael Sypkens）整理提供全部资料。才有可能完成编著 。

著者自1986年曾任东京大学工学部建筑学科槙文彦研究室研究员，在槙先生指导下研究日本现代建筑及槙的理论及作品。之后多年一直受到槙先生的指导，通过20年来不断深入理解研究调查槙的理论作品的感悟，才有条件尽量如实地介绍槙的设计思想及作品。真实性是本书主要特色。

2. 以槙先生2011获美国建筑师学会AIA 金奖、1993年获普利兹克国际奖对槙的评价作为评论重点尺度。
槙已获得过世界范围表彰他的业绩近50项奖。槙设计的20多项建筑精品荣获过各类重要建筑奖。通过对槙的作品奖能传达国际及日本对槙的评价。通过国际领域分析槙的作品所能获得启示，也是国内关心的焦点。

本书选择了槙文彦获得的国际最高建筑奖：1993年普利兹克奖评论，2011年美国AIA奖的评论作为代表介绍。以便读者了解作为世界著名建筑家槙文彦的举世公认成就及槙对国际建筑界的贡献。

3. 以国内建筑界希望了解槙创作特征为命题，以槙的创作原点作为第一部分的介绍重点。征询了一些国内建筑界及专家们的意见：国内读者希望了解槙文彦作为亚洲建筑家能走向国际最高建筑水平的创作经历及希望了解槙文彦创作的立意特点。因此本书第一部分评述定题为"槙的创作原点"。不仅将槙的经历及在现代主义主流中发展现代主义的创作道路呈现给读者，而且介绍了槙"都市是建筑创作的原点"这一重要的槙的创作缘由。

希望通过本书编选的槙的作品及论文会使读者受到启发，为学者研究槙文彦提供资料。

本书也希望对建筑系同学确定设计方向有所启示。

附录一　槙文彦主要经历

1928年
出生于东京
1952年
获东京大学建筑学学士学位
1953年
获美国匡溪艺术学院建筑学硕士学位
获哈佛大学设计学院研究生院建筑学硕士学位
任SOM事务所建筑师
任塞特（Jesep Lluis Sert）事务所建筑师
1956–1958年
任华盛顿大学助理教授
任格雷厄姆基金会会员
1960–1962年
任华盛顿大学助理教授

任哈佛大学设计学院助理教授
任夏威夷大学客座讲师
任加利福尼亚大学客座评论员
任哥伦比亚大学客座讲师
任维也纳技术大学客座讲师
1965年
开设（株）槙综合计画事务所至今
1979–1989年
任东京大学工学部建筑学科教授
1993 年
荣获普利兹克建筑奖
2011年
荣获AIA美国建筑师学会金奖
2013年11月
被授予"日本文化功劳者"称号

附录二　槙文彦主要获奖

1960格雷厄姆基金美术类优秀学生奖

1963日本建筑学会奖（名古屋大学丰田纪念讲堂）

1967每日艺术奖（立正大学熊谷校区）

1973艺术选奖教育部大臣奖（代官山山坡露台1、2期）

1974艺术选奖文部大臣奖、1980日本艺术大奖、2000 JIA25年奖（代官山1–6期）

1980日本艺术奖（代官山山坡露台1、2、3期）

1981建筑业协会奖、1991中部建筑奖、1993公共建筑奖建设大臣表彰（富山市民广场）

1983建筑业协会奖（BCS奖）（庆应义塾大学图书馆·新馆）

1985建筑业协会奖（电通关西支社）

1985日本建筑学会奖（藤泽体育馆）

1987美国建筑师学会雷诺纪念奖（Sprial螺旋）

1987圣路易斯华盛顿大学艺术和建筑荣誉教授奖

1988建筑业协会奖、1992公共建筑奖建设大臣表彰（京都国立近代美术馆）

1988以色列沃尔夫奖

1988芝加哥建筑奖

1990建筑业协会奖（Tepia科学馆）

1990托马斯·杰斐逊建筑奖章

1991大阪第5届国际设计奖

1991建筑业协会奖、

1993 Quaternario国际建筑技术创新奖、1993公共建筑优秀奖（幕张国际会展中心）

1993普利兹克建筑奖

1993国际建筑师协会金奖

1993朝日新闻基金会朝日奖

1993威尔士王子城市设计奖

1994建筑业协会奖（Novartis Pharma筑波研究中心）

1995瑞典混凝土学院混凝土建筑奖

1996建筑业协会奖（雾岛国际音乐厅）

1997建筑业协会奖（东京基督教会）

1998建筑业协会奖（福冈大学60周年纪念馆）

1998建筑业协会奖

1998村野藤吾纪念奖（风之丘葬仪堂）

1999东北建筑奖（名取市文化会馆）

1999日本艺术协会皇家世界文化奖

2000中部建筑奖（富山国际会议场）

2000建筑业协会奖、东北建筑奖（福岛男女共生中心）

2001日本建筑协会大奖

2002公共建筑优秀奖（风之丘葬仪堂）

2003中部建筑奖（福井县立图书馆、档案馆）

2010建筑业协会奖（三原市艺术文化中心）

2011获AIA美国建筑师学会金奖

2012公共建筑优秀奖（三原艺术文化中心 名古屋大学丰田讲堂）

2013被授予"日本文化功劳者"称号

目录

3 论文

1

评述

第一章　获奖综述

1993年　普利兹克建筑奖评论
2011年　美国建筑家协会金奖评论
2013年　日本文化功劳者评论
对楨文彦的成就作出精确的评价，
进一步揭示楨将日本传统文化与现代结合的重要作用。

楨文彦自1965年在东京成立楨综合计画事务所以来，已在日本国内及国外设计了近百项作品。许多作品得到日本建筑学会奖等国内外40多项重要奖项（见附录二）。

这里介绍重要的两项奖的评论。

2011年美国建筑师学会AIA金奖

评论

2010年12月17日，华盛顿特区，美国建筑师学会董事会投票选出了2011年美国建筑师学会金奖获得者—楨文彦。

每年评选一次的AIA金奖被认为是建筑专业人士能获得的最高荣誉奖项。该奖项专门授予被认为在建筑实践和理论方面有长久影响力和出色的作品的专业人士。楨文彦在新奥尔良举办的2011年AIA年会上被授予该奖项。

楨文彦，可能是日本目前最好的建筑师。作为日本前卫建筑师组织新陈代谢学派的一员，他在20世纪60年代开始了建筑创作生涯。他们首先认为固定模式的设计正在走下坡路，而灵活的、可扩展的模块结构为设计提供了无尽的变化可能。楨文彦在设计中尝试将各种不同的形式组合在一起，在球体、锥形体、立方体、圆柱体等基本形状中提取大量设计元素。他的作品成功地在多个维度上将所有和谐与不

和谐的元素统一在一起，试图将这些性格各异的元素组合在一起的方法是将它们之间互相连接的部分给予重视。将时代和区域对项目的影响通过生动和启示的手法加以提炼，同时再加入一些想象的空间。

楨文彦大部分时间居住在东京，他曾经在美国求学（哈佛大学和匡溪艺术学院硕士），并在日本和美国教学。他的作品始终受东方文化的影响。即便在对非理性、不规则的空间组合上也可体会到东西方文化与它们的和谐。

作为与楨文彦一起工作很长时间的森俊子，在她给FAIA的推荐信中写道："从他的独特的现代主义风格可以感受到突现的质量和优雅，这来源于他的日本人的本源。这也是楨文彦的作品为什么始终如一地坚持高质量、高水准和令人惊讶的创新的原因，他的作品给人以一种安详和优雅的感受。"

楨文彦的代表作：

Sprial螺旋体大厦，东京。通过材料的变化和深浅的变化在一个立方体中组合了大量的几何形体。

芳草地艺术中心，旧金山。由一个博物馆和多功能艺术中心组成。犹如一艘从港口漂浮而来在城市上空的船，楨文彦在这里将不同的空间形体组合在一个概念体中。

风之丘葬仪堂，九州。楨文彦通过对几种

1.Spiral 螺旋

2. 芳草地艺术中心

3. 风之丘葬仪馆

4. 三合会

5. 安纳博格公共政策中心，费城的宾夕法尼亚大学

建筑材料的表述，将它们组合进一条昏暗的通道，通过建筑光线使一个有雕塑感的建筑与周边的古墓地风景融为一体。

三合会，长野。三个小体量的建筑采用谐波传动系统理论设计，三个独立的建筑通过与自然和相互间的对话形成一体，是槇文彦关于现代主义设计方法的空间中的物体理论的实践。

安纳博格公共政策中心，位于费城的宾夕法尼亚大学。在古老的石材建筑包围中使用了大量玻璃和木材形成鲜明对比的建筑。

槇文彦是第67届AIA金奖得主。他加入了以下天才们的行列：托马斯·杰斐逊，弗兰克·劳埃德·赖特，路易斯·苏里文，伦佐·皮亚诺，贝聿铭，西萨·佩里，圣地亚哥·卡拉特拉瓦，彼得·波林……出于他对世界建筑的贡献，他的名字将被镌刻在华盛顿的AIA总部大堂的花岗石荣誉墙上。（江晓阳　译）

附录三2011年AIA奖提示作品

1. Sprial螺旋。在一个立方体中组合了大量的几何形体

2. 芳草地艺术中心，旧金山。将不同的空间形体组合在一个概念体中。

3. 风之丘葬仪堂，九州。通过光线形成有雕塑感的建筑，与周边的古墓地风景融为一体。

4. 三合会，长野。槇关于现代主义设计方法的空间中的物体理论的实践。

5. 安纳博格公共政策中心，费城的宾夕法尼亚大学。在古老的石材建筑包围中使用了大量玻璃和木材形成鲜明对比的建筑。

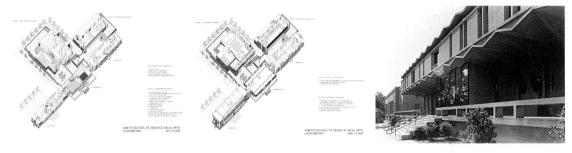

1. 华盛顿大学的密苏里——斯腾伯格会馆

1993年槇文彦获得普利兹克（Pritzker）建筑奖

评论

陪审团评价

　　来自日本的建筑师槇文彦，他的作品细腻动人，无论是作品的概念还是作品的表达，都充满了智慧和美感。

　　他是一名现代主义者，出色地融合了东西方文化，创造性地反映他的祖国的古老品质，同时融汇了当代的建造技术和材料。

　　他与现代建筑的最早接触，源自20世纪30年代，当时的东京有一批先锋建筑师与日本的传统风格决裂。

　　槇文彦从东京大学本科毕业后，来到美国的匡溪美术学院就读。后来又来到哈佛大学设计研究生院，师从约瑟·路易斯·塞特。毕业后他在华盛顿大学担任教授，在这期间，他设计建成了生平第一栋建筑。这些早年的经历，使他建立了独特的设计风格和世界观。

　　在他职业生涯的早期，成为新陈代谢派一员，这是由年轻建筑师组成的先锋组织。新陈代谢（Metabolists）这个词源于希腊语，具有丰富的含义：改变、变化、革命。可变性和灵活性是他们的核心观点。其中一个目标就是拒绝将建筑脱离城市整体。

　　槇文彦曾经讲过他对"局部与整体"的持续关注，谈到他设计的一个目标就是取得一种动态平衡，包容冲突的类型、体量和材料。

　　他以大师级的手法应用光线，使光成为设计中能够被感知的一部分，就像墙壁和顶棚一样。在每个设计中，他寻找一种方法，让透明的、半透明的、不透明的物质以和谐的方式共存。用他自己的话说，就是"细部，赋予了建筑节奏感和尺度感"。

　　他的作品具有令人惊讶的多样性。其中包括巨大的幕张国际会议中心，这是一个位于东京东千叶有着钢结构的人造山丘一样尺度的大型建筑；也有最近完成的YKK客舍和规划中的波兰孤儿院。

　　他作品的维度反映了他的建筑手法极为丰富。作为一名多产的作家、建筑师以及教授，他为这些职业贡献了非常重要的理解。

　　槇文彦描述建筑师的创造力是"发现，而不是发明……是一项对当代普遍想象力和视角作出回应的文化行为"。此外，他相信"建筑师有责任为社会创造具有文化价值的建筑"。为了建造不仅仅描述当下这个时代的建筑，为建造具有持久生命力而不是像时装一样的建筑，1993年的普利兹克建筑奖颁发给槇文彦。

　　日本建筑师槇文彦1993年获得普利兹克建筑奖的报道。

2. 旧金山芳草地视觉艺术中心　　3. 名古屋大学丰田纪念会馆

在洛杉矶，凯悦基金会评审委员会将第十六届普利兹克建筑奖，建筑界的最高荣誉奖，授予日本建筑师槇文彦。委员会对他的设计作品给予了以下评价："在设计概念和表现方面超强的理解力和充满艺术力的表达，通过一丝不苟的工作取得了辉煌的成就。"

槇文彦在日本的现代主义建筑实践，成功地融合了东西方文化的精髓，他的许多作品享誉全球，他也是第二位获得普利兹克奖的日本人，第一位日本人丹下健三是在1987年得奖，同时也是槇文彦的老师。

凯悦基金会主席杰伊·普利兹克于1979年创立了普利兹克建筑奖。于6月10日在捷克共和国的布拉格举行颁奖仪式。

在洛杉矶的凯悦基金会办公室的获奖宣布会上，普利兹克先生对评审委员会的选择大为称道，他说："槇文彦先生的根虽在日本，但他在美国的学习和早期工作使他对东西方文化的差异有独特的见解，在他的设计作品中可以明显地看到这种认识。他的设计不论项目大小，从未和人的尺度疏远。"

由国际人士组成的评审委员会的秘书比尔·雷西引述评审委员会的评审辞说："他在设计中对光线的熟练运用，光线会让人感觉到像墙体和顶棚一样实实在在地存在。他尝试将透明、半透明、不透明的存在十分和谐地放在一起。通过细节给予结构以韵律感和尺度感。"

雷西在解释此次槇文彦获奖的原因时说道："好的建筑作品不仅是设计师对当今时代的一种理解和表达，而且一定是比时尚更具备长久的生命力。"

雷西进一步详细分析道："在20世纪40年代后期，有许多年轻的日本建筑师，虽然胸怀对历史的无比尊崇，但仍努力尝试着对未来的憧憬。当时的许多受欧式风格影响的带有试验性和现代风格的建筑慢慢让位于更原汁原味和独特的日式风格。他们的作品很快引起了国际建筑界的注意。由于对空间造型的独树一帜和艺术性的发挥，以及对建筑新材料的开拓性地利用，使他们成为他人追赶和学习的榜样。槇文彦就是这些重建新日本的建筑师中的佼佼者。"

槇文彦生于1928年9月6日，在日本东京大学取得建筑学学士学位，随后在美国匡溪美术学院和哈佛大学取得建筑学硕士学位。

他在美国的第一个设计是位于圣路易斯的华盛顿大学的密苏里—斯腾伯格会堂，是一个艺术中心。这也是槇文彦在美国的已建成的唯一的设计作品。另外，他设计的旧金山芳草地视觉艺术中心正在建设中，预计今年秋天落成。

与此同时，槇文彦在日本的第一个设计，

4. 代官山山坡住宅　　5. 京都国家现代艺术博物馆　　6. 岩崎私人艺术收藏美术馆
集合住宅楼群

位于名古屋大学的丰田纪念会馆也在建设中。1969年，一个非常重要的项目，山坡露台（代官山集合住宅楼群）在日本开始建设，这个大项目分为六期，历时25年。这个项目不仅成为了槇文彦先生表现建筑天才的里程碑，而且谱写了一段现代主义设计的历史。

京都国家现代艺术博物馆的设计堪称槇文彦设计的经典之作。博物馆的外部是不透明的灰色，而在内部中庭，光线经过粗犷的和光滑的大理石的表面从上部反射下来。前厅的设计是让人们可以感受到空间的力量的典范。岩崎私人艺术收藏美术馆于1979年落成。这个现代艺术古堡建成在日本南九州的一个山顶上。YKK会馆，世界上最大纽扣制作公司YKK用来招待来访者的宾馆的设计，比尔·雷西的评价为又一个经典之作，他在"空间设计"一文中写道，作为一个体现伟大的建筑师的思想的范例"石材和钢材、玻璃和混凝土不仅是用来盖房子的材料，更是通过光线创造形式和空间的一种方式"。

槇文彦认为1980～1984年间他建设的藤泽体育馆是事业上的转折点，从那以后开始了日益增多的综合设施的设计。《槇文彦，一次美学的崩溃》一书中对槇文彦的一次采访中他提到："……很多人说它像个头盔，或者……青蛙，或是一只甲壳虫，或是宇宙飞船，我只是想做一个动态的、有活力的建筑，创造丰富的室内空间。然后设计一个屋顶盖住它们，我需要有一种建筑构体……让这座建筑足够复杂到无法满足人们看到它时所产生的各种想象。"东京体育馆和幕张国际展览中心则有更大规模的体量。前者有近一百万平方英尺（约10万平方米）的占地并由三部分组成，一个主竞技场，一个次竞技场和一个游泳馆。槇文彦描绘道："通过对具有强烈的几何形体和关系紧张的几个部分的排列组合，我尝试将他们组合在一起形成一个新的城市地标。"最后的效果是由这些轮廓分明的几何形体组成的星座群像云一样飘浮在那里。

幕张国际展览中心建在东京湾的填海地块上。总占地面积超过150万平方英尺（约14万平方米），共分为七个单元，通过一条像脊柱一样的交通连接轴，这七个单元可互通连接。

这个建筑有三个主要功能，一个展览空间，一个5000座的阶梯会场，和一个会议或宴会区域。

槇文彦在欧洲第一个项目是伊藤·布罗园庄，位于德国新慕尼黑国际机场旁边的一个办公园区。这个项目正在建设中。

本次普利兹克奖评委会成员包括：卡特·布朗，华盛顿国家美术馆的荣誉退休董事（评委会主席和基金会成员）；其他按字母排

7.YKK 会馆　　　　8. 藤泽体育馆　　　9. 幕张国际展览中心　　10. 伊藤布罗庄园

序，乔瓦尼·阿涅利，菲亚特董事向主席，来自意大利都灵；查尔斯·柯里亚，建筑师，来自印度孟买；弗兰克·盖里，建筑师，1989年普利兹克奖得主，来自洛杉矶；艾达·路易斯·胡克斯塔伯，作家和建筑评论家，来自纽约；里卡多·叶戈雷塔，建筑师，来自墨西哥城；中村俊夫，a+u建筑杂志总编，来自日本东京；罗斯柴尔德勋爵，伦敦国家美术馆董事会主席，来自英国。(江晓阳　译)

附录四　普利兹克奖提示槇文彦的作品

1. 华盛顿大学的密苏里—斯腾伯格会堂
2. 旧金山芳草地视觉艺术中心
3. 名古屋大学丰田纪念会馆
4. 代官山集合住宅楼群
5. 国家现代艺术博物馆
6. 岩崎私人艺术收藏美术馆
7. YKK会馆
8. 藤泽体育馆
9. 幕张国际展览中心
10. 伊藤·布罗园庄

2013年11月3日槇文彦被授予"日本文化功劳者"

以表璋槇文彦是一位发挥日本智慧的国际派设计大师

日本朝日新闻社报导：

85岁的槇文彦正穿梭于世界各大城市，他的建筑设计项目正在全球10个国家同时展开。结束中国一系列的讲演回国后在接受本报采访时，大师用安静的语气表达了获奖感谢。

在日本槇文彦曾师从建筑大师丹下健三、在美国师从现代主义巨匠柯布西耶的弟子塞特。国际化的背景造就了大师善于运用日式空间的造诣。槇总合计画事务所位于其代表作HillSide Terrace的一隅，"在狭小的场地中通过明暗对比等处理手法，能够创造出丰富的景深空间，这是运用日本文化智慧的结果"大师举例进行说明。

大师同时表达面对国际社会日本应发挥应有作用，他发表了2020年东京奥运会和残奥会新主场馆国立竞技场的设计应强调与周边环境融合的意见，这也是日本建筑界槇文彦大师一贯的信念表现。

2013年10月23日槇文彦著文发表题为《将对东京的爱表现在设计中》的感言"对于20世纪使用钢，玻璃，混凝土材料建造的现代主义理念以创造人性化的现代主义为目标，对建造场所赋予丰富文化内涵为目标"，生在东京且受到东京的培育，槇在东京设计了东京体育馆、代官山、Sprial等项目。因为他的建筑设计，致使看起来很杂乱的街，步行其中都能感受到设计赋予的历史感。

槇表示对2020国立体育馆方案发表了一些意见，"这是表明我对东京的爱和我的建筑观。"槇表示被授予的"文化功劳者"是对我50年设计的肯定。

第二章 槇创作原点一

在现代主义 MODERNISM 主流中发展人性化现代主义

在现代主义MODERNISM主流中发展人性化现代主义

现代主义建筑家槇文彦

理解槇的创作立意原点，贯穿创作要点之一是了解研究槇的理论和设计基础。槇在《现代主义的光和影》一文中明确表明（包括我在内的建筑家均以现代主义为设计原点）。理解槇的建筑创作理论体系是建立在现代主义基础之上这一点非常重要，是解读槇的成功之路之关键。

一、槇对现代主义的评论

1. 作为主流的现代主义会长期存在

众所周知，几十年来现代主义理论不断遭受质疑，遭受冲击。现代主义的发展路途曲折。槇也是伴随着种种争议走过来的。槇很了解建筑理论界各时期提出的种种观点、各种潮流，但槇50年来在任何场合都明确表明自己是现代主义者。

这是由于他对现代主义的领悟很深，深信现代主义建筑理论的先进性、可发展性、包容性。在他50年的设计生涯中坚持走现代主义之路，不受任何舆论干扰，不动摇。

槇对于抨击现代主义的论点发表过自己的

观点，如：

自最初土浦邸至今我已接触现代主义50年以上，其间日本和世界在相同的现代主义流之中，出现不少地域或时代的言论，强调传统的和后现代对现代主义的教条化激烈批判。

自60年代初，面临复杂局面，如越南战争等，世界范围巨型都市群使建筑做法的改变，可以说这对建筑来说是激动的半个世纪。但我同时感到作为主流的现代主义会长期存在。自20世纪初所产生的现代主义具有很大的包容多变性，具有可变容变革体系的特征。如过去100年间，现代主义随着技术、都市、生活、环境与功能等等多变，从本质来说不依存于过去的样式形态。可以看出现代主义存在着隐藏着的发展体质体系。

现代主义的本质是隐藏着的，现代主义的发展本质给予功能的利于多变性，给予了我们视觉的冲击。

2. 对教条式现代主义批评

槇反对教条主义的国际式现代主义，他认为现代主义会长期存在，具有包容性、可变性的本质。他指出要发掘理解现代主义的可发展本质：

现代主义的本质是隐藏着的，现代主义的发展本质给予功能的利于多变性，给予了我们视觉的冲击，但是在旧有的城市中由各种创造

土浦邸内部

出的建筑及在都市中形成的建筑语言成果还不算成功。

3. 以发展现代主义为己任

面对抨击现代主义和现实存在的教条式国际式建筑的现实，槇认为当然城市的失败不能全归结于建筑，但是现代主义必须为人们给予全体都市层面上的充足感，这是不争的事实。

槇有高度的责任感，在现代主义主流中发展现代主义是槇坚持的创作道路。槇以他50年的创作业绩证实了现代主义的可发展本质，实现了他发展现代主义的理想。

槇对现实中偏离现代主义精神走向形式主义教条主义的某些现实提出的批评，有些评论界曾称他是"现代主义的捍卫者和批评者"。在2011年AIA奖评论中有如下评述，"槇作为日本前卫建筑师组织新陈代谢学派的一员，他们首先认为固定模式的设计正在走下坡路，而灵活的、可扩展的模块结构为设计提供了无尽变化的可能"。这里提到的固定模式就是指当时出现的教条主义的国际式。

二、现代主义的成长环境

剖析槇以现代主义为创作原点（出发点）的缘由将追溯到他作为建筑家的成长的环境。

槇的现代主义创作立场是与他长期在美国学习工作时亲身接触到第一二代现代主义大师们理论和作品相关，他的经历使他对现代主义理论及实践有很深的感悟。

1. 理想的现代主义学习环境

要理解槇成为世界著名现代主义建筑家，研究他成长的背景也很重要。可以说槇有着很理想的建筑家成长背景。1989年槇在东京大学教授职位上退休时作了题为《走向都市和建筑》讲演，其中回忆过他成长的背景，当时60岁的他将成长经历分为三个时期：

作为建筑家的形成期：日本、美国、欧洲。自进入大学致力于建筑设计以来的40年分为三个时期。第一时期是20世纪中期，形成时期。

第一时期正值我在日本和美国以大学为中心的阶段。第二时期是1965年回到日本开设事务所、以实践为主的时期，30至40岁。第三时期是以东京大学为中心的50岁的这段时间。

第一时期　与现代主义初会

与现代主义初会：槇常提起童年对现代主义的空间印象。

在后来多篇文章或讲演中都提到他初次看到现代主义建筑的感受：

我于昭和3年（1928年）生于东京，儿童时期对日本建筑空间的印象如薄暗团子坂菊人形迷路式的空间，但对到芝浦港欢迎横滨入港

板仓与柯布西耶

巴黎世博日本馆
（坂仓设计）

日本馆室内（坂仓设计）

丹下健三

的外国船的体验还记忆犹新。昭和初期有机会访问谷崎润一郎邸，是我对现代建筑的初会。土浦邸是日本早期现代主义代表作之一。在绿色环绕的山手线的住宅地中白色的土浦邸和有二层吹拔的室内空间印象很深。

第二时期　东京大学学习现代主义建筑基础

槇大学进入东京大学工学部建筑学科（建筑系），受到日本第二代现代主义著名建筑师丹下健三等指导。他曾回忆：

"我进入东京大学是昭和24年（1949年），由岸田日出刀、丹下健三设计计划担任教学

2. 吉武泰水教授指导

制图作业是日本和西方有名的建筑，其中有柯布西耶设计的巴黎大学城中的瑞士馆，由丹下健三指导。

当时丹下健三与东京工业大学的清家清，早稻田大学的吉阪隆正已形成日本建筑界新进的教授建筑家核心。"

槇后来回忆在作毕业论文和准备赴美期间曾参加过丹下研究室担任的广岛和平会馆设计。1952年正值丹下考虑如何将现代主义在日本生根的时代。日本当时处于艺术及技术都在学习西方现代主义的阶段，槇对丹下研究室的印象是很有国际化视野，槇对丹下研究室的评论是"具有艺术工作室及科学技术实验室的双重性格"。

槇是1948–1952年在东京大学工学部建筑学科学习的。东大是槇学习现代主义理论及设计的第一步。

第三时期赴美直接接受现代主义大师指导

1952年东京大学毕业后槇赴美学习工作长达15年，为他成长打下坚实基础。

正如普利兹克奖评论指出的。"槇文彦是在日本的现代主义建筑实践中成功地融合了东西方文化的精髓的著名建筑家"。

槇回忆：

1950年代日本还属战后时期，国外建筑书籍和新闻很少，从而我决定去美国留学。

1954年时的美国与战后的日本、欧洲不同，繁华绝顶，建筑有很强的产业背景，犹如各种各样的现代建筑的实验场。我进入了具有欧洲移民色彩的新英格兰风的波士顿哈佛大学，进入由格罗皮乌斯为首创立的青年建筑家集聚的设计学部，当时主导教授是格罗皮乌斯的继任者约瑟夫·路易斯·塞特（Josep.Lluis.Sert）。

3. 深受现代主义大师塞特影响

关于师从哈佛大学的塞特教授槇有过回忆文章。

"塞特与前川国男先生同时师从于柯布西

广岛和平会馆

哈佛大学建筑会馆

塞特

米罗基金会美术馆塞特

塞特　美国驻伊拉克大使馆

耶，1930年末赴美，曾担任国际现代建筑协会（CIAM）会长。他所提倡基于人文主义的城市主义的理念及欧洲式的教养都对我很有启发。由他组成的教授组或客座讲师大多是故乡在欧洲。"

槇回忆："经过一年研究生院的充实生活后，搬到纽约，19世纪50年代曼哈顿弥漫着19世纪的影像，我最初半年在SOM工作，其后受塞特邀请到塞特在纽约的事务所工作。塞特当时在美国最重要的项目是伊拉克驻美国大使馆。"

槇回忆："塞特对我的影响是人文主义实践主义。"

"塞特不仅是建筑家和工程师，对艺术、美术等都有很大兴趣。比起难度很高的理论说来，他认为通过自身经验基于理性和感性所设计出建筑是最重要的。当时提出理论体系观点很多，有欧洲的、地中海的还有柯布西耶式的城市主义，其中有耶鲁的教授、宾州的路易斯·肯。各教授均有极不同的建筑观。可看到当时处于现代主义的胎动时期。"

塞特的信念基础是实践，受塞特影响，合理主义理念是槇对现代主义理解的基础。

"我从先生处学到塞特的人类尺度的建筑原则。这是柯布西耶的学生们包括塞特都受到的设计原则影响。我们通过设计也领会到人类尺度的设计原则。塞特也许是地中海地区的

人，因而是非常合理主义者，不像柯布西耶有那么奔放的作风。"

塞特是槇在哈佛研究院学习的导师。槇后来回忆塞特为他们16位研究生改图的印象。"每周二、周五下午2–6时塞特到哈佛建筑系一层西角上设计课，对每个人的设计图都提出中肯意见"。之后槇在塞特事务所参加设计。在塞特去世后槇回忆了与塞特30年的友谊。他写道："塞特是我在哈佛最值得信赖的友人之一。"

三．参与CIAM现代主义活动

长达15年在美国的工作经历，特别是在哈佛在纽约这些当年世界先端建筑艺术及技术中心工作的体验无疑为槇的理论及实践打下基础。

对第一代大师槇曾有过评论。"勒·柯布西耶在半世纪中所展示出思想的广度，创造空间的超人能力及在20世纪开拓了城市主义与建筑的连接点。在20年代他赋予钢筋混凝土材料划时代的生命力，开创了利用屋顶花园与底层架空，玻璃幕墙等代表现代建筑设计（新建筑五要点）。"

"与柯布西耶奔放的空间不同密斯·凡·德·罗的建筑相对较为安静，采用玻璃、钢、铝、钢筋混凝土现代基本材料以地域社会为原

| TEAM10 小组会议 | 斯坦伯格会堂 | Sprial 构成 |

型的空间构成方法很严密组成。"

"弗兰克·劳埃德·赖特受19世纪后半芝加哥学派影响，他常用砖木陶片等材料为基调设计，有很深的美国大陆自然风土根基，创造出令人感动的建筑。"

"格罗皮乌斯的包豪斯运动和合理主义以及现在阿尔瓦·阿尔托的浪漫主义造型使我们基本把握了现代主义代表的思想和造型。"

面对教条式的国际式现象，槇曾研究过教条式对现代主义功能与形式的关系理解的误区。他认为功能与形式已发生改变，功能主义已发展为新功能主义：新功能主义由外部功能和内部功能统合而形成新功能主义，由于外部功能与内部功能不断变化因而新功能不可能千篇一律为固定模式。

传统理解的功能已附加了外部条件，如都市环境要求都市性、人间性因素加入形成新功能与外部功能变化造成传统功能改变。因此他认为形式服从功能结局也不应该是教条主义的。

槇参与世界建筑会议，如槇应英国史密森夫妇邀请参加了Team X 10人小组在1960年7月在南法国的一个小镇开会。会议中心议题是以住宅为中心的住宅产业，如都市的集合住宅。

讨论的热点是集合的理论，槇与浅田孝、

川添登等人在会上发表了关于新陈代谢学派的提案。

10人小组是反对CIAM（国际现代建筑协会）的教条主义而结成的，追求地方主义（regionalism）或人类社团和形态的关联性。10人小组成员中很多是哈佛或麻省理工学院的客座教授，槇与他们之后有工作上的合作。

槇担任过芝加哥大学和哈佛大学的副教授，教授城市设计，"我15年前1957年在美国教学每周5天少时也有两天，共35周。学生几十人，当然一半是教一半时间是座谈、议论、指导"。

槇回忆在哈佛大学对研究生讲授城市设计时美国学生仅占1/4，各国学生都有。哈佛很国际化。以讨论式教学为主。

长年在美国研究教学设计的经历为槇文彦的设计理念打下扎实的现代主义基础，他不仅在塞特小规模设计工作室参加设计，也在SOM大规模组织事务所工作过，为他成立事务所奠定了基础。

四、在日本的早期设计奠定了槇的创作方向

1965年槇结束了国外的工作回到东京，开设（株）槇总合计画事务所并于1979–1989年担任东京大学工学部建筑学科教授。

槇在日本的早期设计（1965–1980）已

Sprial 构成

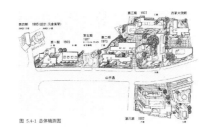

图 5.4-1 总体轴测图

代官山总图

岩崎美术馆

显示出他的设计才能及关注城市空间设计的特征，如庆应及立正大学的校园设计、代官山山坡露台一期等已显示他对集合体的关注。这阶段的设计实践奠定了他之后创作之路。

对日本早期的建筑活动，通过项目的实践槇回忆：

"1965年开设事务所，最早的项目是立正大学的熊谷校园。是沿轴线，如车站式的联系规划学生使用空间、广场等很有古典构成感，是作为城市体系设计。当时用造价不高的混凝土材料现浇而成建筑群，广场采用面砖，当时事务所总共10人。"

岩崎美术馆的经典造型非常受世人称赞。槇回忆岩崎美术馆设计，"是我第一期作品设计，主题是别墅，是从室内向外的设计手法"（注：这里指的别墅是指别墅的主人要求从内部室内向外看景观时窗的开法位置由内向外的设计方法）。

"其后设计代官山的山坡露台集合住居。1967年开始第一期，二期三期连续建设直至现在的第六期，犹如画卷。每期是建立在前期规划经验之上，之后丹麦大使馆在停车场下设计了会堂。后各种参加者按不同情况条件参与，像重奏一样。经过了10~20年时间代官山更显得成熟有生活气息，已融入城市展现了新的空间形态。"

槇早期的设计为东京带来新的现代主义建

筑之风，开拓了日本建筑界新的视野。槇作品中反映了他在现代主义主流中发展现代主义的方向。为奠定日本新建筑在国际的地位起了作用。他的作品也反映出现代主义的包容性。有评论说他开辟了后现代的手法，如在著名的Sprial（螺旋）中几何体拼贴。槇的作品中也吸取了古典构图对光的应用，如在许多建筑中采用过古典空间楼梯间的处理，顶光赋予楼梯空间的神秘艺术感。

本书第二部分介绍的槇在日本及国外的33项代表作品，可以欣赏到槇创作的每一项精品及槇的设计风格。

再一次回顾2011年槇获美国建筑师学会AIA金奖的获奖评价，获奖评论是很深邃的。

"槇文彦可能是日本当前最好的建筑师。在20世纪60年代开始了他建筑创作生涯，作为新陈代谢前卫建筑师组织的一员，他们首先认为固定的模式设计已在走下坡路。而灵活的可扩展的模块结构为设计提供了无尽变化的可能。

槇文彦在设计中尝试将各种不同的形式组合在一起：球体、锥形体、立方体、圆柱体等基本形状中提取大量设计元素。他的作品成功地以多个维度上所有和谐与不和谐的元素统一在一起。试图将这些性格各异的元素组合在一起的方法，是将它们之间互相连接的部分给予

名古屋大学纪念讲堂

Sprial

富山市民广场室内

爱宕山附近石础

重视。将时代和区域对项目的影响，通过生动和启示的手法加以提炼。以立竿见影的方法为主，再加入一些想象空间。"

"从他的独特的现代主义风格可以感受到灵光突现的质量和优雅。这来源于他的日本人的本源。这也是槇文彦的作品为什么始终如一地坚持高质量、高水准和令人惊讶的创新性的原因。他的作品给人以安祥和优雅的感受。"

第三章　槙创作原点二

都市是建筑设计的原点

都市是建筑设计的原点

槙发展现代主义之路——都市空间设计

槙在长达50年的设计生涯中一直坚持自己是现代主义建筑家，他认为现代主义可以发展，是有生命力的。从都市与建筑的关系研究入手，吸取都市空间场所的活力，是他发展现代主义建筑之路，从而克服了国际式教条主义样式。他以他设计的作品成功地证明了他建立的论点（都市是设计的原点）的生命力，不仅他的作品出于这一立论，他对都市空间的许多立论也是对城市空间设计的很大贡献。

提示："都市是建筑设计的原点"这是槙作品立意的出发点。

他强调从都市空间的视角来立意建筑。他对柯布西耶的评价成就之一是其将城市与建筑连接。槙不仅继承柯布西耶的理念，而槙比柯布西耶更幸运的是他遇上了日本经济发展的最好时代。通过几十年的建筑实践证实，槙确实在城市设计中开启了现代主义建筑可发展之路，从都市空间寻找活力，又赋予城市空间新的亮点、活力。

1. 都市空间是建筑设计的原点

从都市空间中场所的活力TOPOS吸取建筑创作立意灵感是他成功之路。由于各个建筑场地的不同就克服了同一性教条主义的国际式

存在的条件。是现代主义建筑可发展的重要媒介。

通过50年的实践，他的作品得到国际社会高度的认可。成功地创造出新日本现代主义建筑模式，更证明了这一理念的成功。

2. 对都市空间洞彻观察研究

对都市空间的研究分析，对都市微空间特征的发现是槙文彦"都市是设计的原点"立论的基础。

对都市空间的观察、发现、切入是槙设计的建筑构思的原点。槙创造性地将建筑融入都市中，并将作品成为都市空间的新亮点。这也是他对现代主义发展在理论上的贡献，尽管槙一直被称为著名建筑家，他也从来不称自己是理论家，但他对城市的微空间变化的观察及立论证明他是在城市空间领域发展了现代主义的佼佼者。

通过他的成功，扩展了现代主义设计领域——从建筑走向都市。

关于都市是设计的原点这一论点槙有许多论述。

TOPOS场所的活力

TOPOS是槙常提到的。

他的作品立意出自挖掘场所的活力，他的作品建成后又增加了所建场所的活力。

· 把建筑作为都市空间构成的重要因素

槙著文"对于都市来说，无疑有各种变数：

线分城市

线分城市——大野秀敏

用途、人口密度、交通网等，但对于城市来说也有构想因素。都市在追求定量、定性的过程中，建筑对都市有重要影响，这是我反复考虑的问题"。这一论点弥补了都市设计因素中忽视建筑的空缺。

槙采用国际研究方法对都市空间的研究，通过实地调查得出都市空间细化的空间领域。笔者在这里试称之为"都市微空间结构"。

槙对理解都市微空间形态结构的贡献：

槙曾著文解释他研究"都市形态要素"是为了了解城市的差异性：

"20世纪50年代，美国都市学者凯文·林奇（Kevin Lych）分析了都市形态要素，提出边缘（edge）、区域（district）、道路（path）、标识（landmark）四大要素，这对世界范围分析各城市文化的差别有着划时代的贡献。之后还有各种分析理解都市型的方法提案，各种方法对都市社会存在的文化概念导致'都市型的差异'理解有作用但还不充分。"

通过几十年对国外都市及东京的城市形态研究，槙提出新的城市空间形态概念，补充了凯文·林奇等对都市形态要素的论点。

槙曾回忆他对都市空间形态的研究过程：

在"回到东京大学——关于大都市的思考"讲演中他回忆研究东京的城市结构特征，将欧美城市与东京作比较。

这10年来还有我一直关心的一个题目：现代都市的公共空间，公共性的表现可能。古代欧洲街区是二元论的都市结构。

在《读都市》一文中槙写道："对都市的形的理解看起来很单纯，但回答起来并不简单。要了解都市的历史、社会组织、经济结构及其背后的重要原则，在其基础上才能理解形的现象及其相互关系。"

都市深藏的结构很难变化，在很多的情况下，表层很激烈变化，但深层结构在抵抗变化。是都市形态背后有比较安定的因素。

槙对都市的研究敏感地观察使他提出了诸多显现的城市空间形态，这些对都市新空间形态的论点，常被忽视。这些论断对研究都市微空间形态很有启发性。他提出都市隐藏新空间，新的空间将显示出都市的活力，也为设计者开拓了领域

在现代都市中以一种秩序统率全体是不可能的，从混沌状都市整理出空间秩序，可以感觉到由无数部分集合而成的一种活力，使全体有机构成产生新的气息，成为各种社会功能集团的同一空间领域。

一、槙提示的新的都市空间结构领域

1. 线分都市论

"去年解析现代都市时，提出（线分都市）

概念，至今古典的都市、理想的都市构成多为沿直线的轴，有清楚的领域以闭锁曲线方式终止，近代都市规划和理论也基于此。但是从现实看来，例如新宿，有很多有特征的线，如塀、铁道网、高速道路、崖等等，各种要素称之为'线分'由其集合，由线分限定成不同的风景群，成为最可能分析城市、定量解析都市的要素（东大研究生曾围绕这一课题进行研究）。东大教授大野秀敏至今在研究东京城市线形理论。"

2. 界隈空间[1]

界隈空间与地域住民固定生活空间领域不同，是很特殊的领域，常存在于大都市中。人们在界隈空间集聚的原因，常显示出有共同目标，如东京的丸之内界隈、新宿界隈、浅草界隈等，统称为界隈空间。由于其特有气氛及对市民提供特有功能意识信息而成为都市生活中不可缺少的内容，如新宿车站周围的商业娱乐、上野的艺术文化、六本木的深夜族等，其特有功能个性很强，受商业资本支配度很强。

给予建筑设计的新可能（都市重点地区发展为一定范畴，具有与重点地区相关的属性，

1　界隈空间是槇先生提出的对城市空间属性界定的一种，界隈空间是在原有性质空间紧邻的空间区。如：紧邻北京王府井商区的空间称王府井商圈的界隈空间。

是设计可进入的新领域）。

3. 百姓家屋粒子空间

"粒子"用语是1949年凯文·林奇的都市形态三要素提出的，焦点（focal point）、道（path）、粒子（grain）。

都市空间的形成象征不仅是表现于焦点、中心这些，主要部分还表现在大量的由"粒子"样的百姓家屋构成。但是都市史中对这部分粒子资料很少，对大部分市民的街区形态，形成及其法律、空间型的社会经济意义等研究不足，这是现代都市设计手法的基本命题（槇提示还存在都市研究的空白区）。

二、提出人性化的城市空间论点

他从环境心理学角度提出城市空间中应关注的人性化方向。

1. 个性城市公共空间

城市公共性不仅表现在外形，内部空间也应唤起地方性的意识。但是现代都市不仅需要纪念性热闹集会所，称为个性（孤独性）公共空间也是很重要的要素。如在印度不仅有几千几百人集会的公共空间，也有仅仅一个人祈祷的场所，这是个性公共空间。创造这种现代空间也是一个题目（槇在SPIRAL作品中吸取这一启示，在二层休息平台面对青山大街设计了安静的角落）。

Sprial 室内个性空间

幕张展览中心个性处理

2. 人性化城市空间　城市大尺度建筑也应人性化

"幕张国际会展中心一期是具有城市尺度的会展中心，520米跨度的轮廓屋顶犹如巨大的山的背景，在周围设计了各种形态集合成的整体。我认为巨大建筑也不应中性化，也应表现人性化，这是我设计幕张的主题。"这是槙对城市巨构建筑人性化尺度的贡献。

3. 创造归属感

"人对空间领域有归属感，如有所有权的住宅。也存在意识方面的所属空间，如东京山手、新宿地区等被称为'我家的周边'、'我们的商店街'等，具有归属感的领域是都市秩序的重要因素。由法律法规制定规范形式领域为骨架，但非正式领域的增大，增加城市复杂性，创造出都市生活安全性、可信赖性的基础，也是很重要的（领域感这一环境心理范畴的提示会引导城市设计的深层意识，槙几十年来一直关注代官山，使其的延续性领域感很强）。"

三、关注环境心理影响——记忆中的都市印象

"如果把'都市'定义为有着密集中心核，具有与历史首都相近似的结构才称为都市的话，也许可以说今天都市正在消灭。但正如历史评论家多木浩二所描述：片断化的大都市印象多在人们梦中出现。说明在人们心理中过去的都市印象记忆是存续的。现代的大都市存在见过和还未见过的两种基本并列现象。常见见惯的风景常使我们回想起过去"。槙以《记忆的形象》作为书名，1992年出版了名著《记忆的形象——在都市和建筑之间》，收集了他30年来40多篇文章，归纳成都市空间的笔记。他的记忆空间也是他创作财富之一，都市空间的新领域发现是建筑师思路的孵化器。

从以上槙对都市空间形态的新论使我们更加了解"都市是建筑设计的原点"的启示性。槙为建筑设计开阔了视野。槙曾著文：都市隐藏新空间，活力城市集合体群造型——关于群造型这一新陈代谢运动理论是槙的现代主义建筑理论与都市是设计原点的结合成果（在第四章作专门介绍）。

在都市空间中寻找建筑设计的新的可能。

槙曾著文：这10年来我和许多建筑家都在探讨都市发展对建筑设计有什么新的可能？并预感到都市众多的媒体可孵化出新的建筑概念。槙提示城市设计者和建筑师在创作时要"寻找都市中自己可切入点"。

"对我来说现在不处于现代的主流中，有着极不安定的浮游中的领域感。反复思考渡边武信'暧昧的领域'提示，有时很特殊的思考，极有可能升华至不可思议的领域空间。要深入挖掘都市中自己可扩充的领域，在这个领

江户古地图

域土壤上作各种尝试。"

四、对东京都市结构的研究

槇的新日本现代主义建筑风格是他对国际建筑界的贡献。他对日本本土建筑不是从古代建筑构架形式入手，而是从研究都市深层结构开始。

20世纪70年代槇曾承担"东京都市结构"的研究课题，东京都市结构的研究成果对槇作品中日本传统与现代主义结合有很大启示。槇将日本传统都市结构的研究成果融入设计理念中，开创了东西方文化融合的新的日本现代建筑。

和所有亚洲建筑师相同，槇在日本的设计必然要遇到日本的传统与现代结合的绕不开的话题。20世纪50年代是日本建筑家探索"如何创造现代日本建筑"的年代。槇并没有同当时建筑家们从古代日本建筑架构中探索与现代建筑框架结构的形式上的结合，他开辟了另一条路，探讨以现代城市理论研究日本城市深层结构，对日本城市形态构成进行研究，他研究成果融入设计中，对本国都市的剖析成了他创作的财富。在获奖评论中有这样的评述：

槇作品的成功在于创造式地融入东西方文化。关于这方面普利兹克奖及AIA金奖都作了提示。在洛杉矶的凯悦基金会办公室的获奖宣布会上，普利兹克先生对评审委员会的选择大为称道，他说："槇文彦先生的根虽在日本，但他在美国的学习和早期工作使他对东西方文化的差异有独特的见解，他是一名现代主义者，出色地融合了东西方文化，创造性地反映他的祖国的古老品质，同时融汇了当代的建造技术和材料。"

槇对日本文化深入独到的理解不仅因为他是日本人，更因他曾研究东京的都市结构特征，发表日本人的都市空间（奥）并作世界大都市比较。槇回忆：

"揭示东京都市结构特征，1970年至1978年得到TORAy科学振兴财团研究资金资助，研究题目是人间环境都市环境。开始研究东京、东京的城市结构特征及现代表层之下的与历史的关系。与日本自然生活等相关传统的日本都市结构的特征。"研究结果在SD鹿岛出版会出版，《隐藏的都市》书中槇发表《读都市》及著名的《奥的思想》。

槇对东京城市结构研究有如下主要结论：

1. 多中心多焦点（奥）的东京结构

都市的形态表现是凝缩的、象征性的。前年，在美国的某艺术中心的展览会，我们展示了东京的形态与精神（Tokyo Form and Spirit）。将东京显示成一座塔，东京可柔软对应各种变化，但不是一个中心，而是多中心多

爱宕山附近石础

桂离宫平面

东京形象展示

焦点的都市，在其焦点的奥，既没有神像也没有建筑物，而是存在着"奥"的某种空间。这在日本都市中有各种表现，我们的展览将"奥"象征化表现在一个塔中，被称为首都生活机器，将都市体现在一座塔中。

2. 日本城市形态特征

日本城市与欧洲城市不同的形态。

以"图和地"方法分析日本城市，表现出有很多缝隙，对日本都市（形）的产生还要深层分析。

接近理解都市形态的手法是分析表层后的深层结构。

日本都市形态特征自然形式化。

日本的都市特征中卓越的是将自然形式化，将自然积极创造为形式化形式的过程，形成独成概念体系。

自然了的形式化，自古以来已在文化中呈现，日本都市化形成中形式化的自然，就如街区表层的植物在建筑直至都市构成都是重要的参与者，如格子状的日本特性，极洗练，是永远安定的模式，非常独特。

3. 日本都市双重结构

日本都市结构从精神层面来说有二重构造：全体性表现在重视大自然，但还存在着小空间（独立的宇宙）。

日本人的自然观通过形态形式化，日本的

文化是从照叶树林覆盖的山中悟出奥性。将到达奥的通路仪式化，产生了鸟居，象征奥创造出"床之间[1]"。

槙在研究日本的都市空间时常作国际比较。面对方网式规划槙提出反映不同国家地区文化。

即是格子状城市模式，用直交轴区划都市领域，在不考虑周边情况下是抽象的表现，但社会意义不同。希腊格子式反映希腊在城市国家的市民的平等意识；曼哈顿的格子规划显现建筑的独立自由，可比喻为在纽约的繁华地区一匹匹的马式的摩天大楼整然排于槛内。

但是同样的格子在欧洲和美国新英格兰9个初期格子围着中心广场，则记录饲养家畜的集落形成状态。

在日本，京都、奈良等地，除继承中国城市形态外，以江户为首在城下町也有格子化模式街区。意图是表现相同社会地位的集团住居领域的原则，如旗本屋敷群、纲组屋敷群或町人町。日本的格子形态相同，但纵横尺寸不同，是表现身份的象征。

槙通过对东京深层结构的认知，已作为他

1　床之间是日本和室内重点装饰的小空间，位于和室主要房间一角，比和室地面高一些，台上可置插花艺术品等。

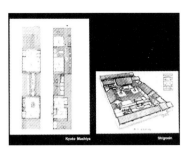

北京四合院与京都町家

创作的要素。反映在槇作品中的重层性，深奥，非纪念性，非对称性，轻，薄，暧昧，不确定性，空间的流动与可变性，构成螺旋形都在槇的作品中有体现。

4. 对现代日本城市空间变化的观察

城市空间的杂乱的启示。

日本的国际化与美国的全然不同，坐车从羽田沿湾岸道路向千叶成田方向看到左手是填海建成的工厂群、高层住宅等形成的国际式、毫无表情的轮廓，电线杆、街道广告板等也显现多年使用的痕迹。在日本城市中，国际式的主要材料是混凝土、金属、不锈钢，这些产品参加到历来人工造的建筑群中形成新的感性，致使东京的街区比起古典模式来说更加柔软、杂乱、轻、有流动感。

现代都市空间的商品属性及都市空间特性。

在2011年提出的城市设计课题一文中，槇提出在现代都市中以一种秩序统率全体是不可能的。从混沌状都市整理出空间秩序，可以感觉到由无数部分集合而成的有种活力，使全体有机构成，产生新的气息，成为各种社会功能集团的同一空间领域。

（1）对今后城市发展预测——复数的核

林奇在《未来的大都市》（*The Future Metropolis*）一书中，提出未来都市的模型之一，是具有复数核的都市结构提案。在这模型显示历史都市核仅是复数核之一，不是绝对的中心而是相对的中心。由复数核形成的都市结构，具有空间的相互关系，想来必然存在着可无限扩张的空间。

（2）对都市无限扩张解析——无限扩张的空间

资本主义的力量强过中央政府力量的民主主义社会，创造出有无限扩张可能的空间概念，在都市结构中明显反映出来。美国城市中典型的格子式模型，连续的可无限向水平方向扩张的合理的构成是适应资本投资的城市模型。如美国曼哈顿岛似的，如果水平方向受制约还可以以摩天楼的方式使空间无限延伸。这种城市空间三次元的发展，也是香港那样的模型。

（3）现代都市空间商品价值——都市空间向市场价值商品转换

工业的生产方法促使资本主义发展，通货和劳动的流动性逐渐占有重要位置，都市的空间基于市场价值向商品转换。

（4）对现代都市的评价——被空间化的权力

欲望、资本、政治权利，是近代大都市形成三者相关联的三种力量。近年来，都市形体结构被分散化现象不太好理解，其主要原因之一，权力和富有渐渐退到人们视线之后，看不见的力（被空间化的权力）的出现是现代特有的特征。

我相信对于产生空间或新空间关系可能的科学技术作用的关注，是理解建筑和城市发展方向最适当的视点。

20世纪末至21世纪初，多元化和全球化的结果，使我们对空间的认识更有新的层面。我们日常的体验中要求有更多的各种性质的空间，空间设计技法在不断制造出来，不仅是立方体、曲线、多面体等和复杂化，领域的境界在心理和视觉方面渐渐不清晰。其结果是这几年间，空间的知觉现象受到关注。例如，在空间方面建筑界探求利用玻璃或其他透明材料等新的方法创造至今尚未有的纤维性关系，如纽约近代美术馆。

依然依存直观和都市感觉的我们时代的建筑，也许与20世纪主要空间倾向相反。因而改变现代主义均质空间，在都市中创造有新意义的TOPOS（场所）很有必要性。

第四章　槇创作原点三

群造型——集合体理论与实践

群造型——集合体理论与实践

研究槇的集合体群造型理论的建树是理解槇代表作品的关键之一。槇的多年成功作品不乏集合体的设计，如许多大学校园，代官山山坡露台（Hillside Terrace）等。

多年来槇坚持群造型的实践，在城市设计领域，特别在个体与群体关系方面槇有很成熟的论点和实践。

群造型理论的提出

1960年世界建筑会议在东京召开，丹下健三担任委员长，当时会议组织者还有坂仓准三、川添登。他们在准备会议主题时讨论人类、社会、环境三者的关系及设计与三者的关系。当时日本已出现了一些代表性建筑，如丹下的广岛和平纪念馆、公园、东京湾海上都市规划等。槇由美国归国参加了东京国际建筑会议，并参加了新陈代谢学派。

（1）新陈代谢学派（Metabolism）的诞生

1960年世界建筑会议在东京召开时，由日本建筑家、评论家结成新陈代谢学派。由川添登、浅田孝、大高正人、菊竹清训、槇文彦、黑川纪章组成。

（2）新陈代谢1960宣言——面向都市的提案

新陈代谢派在世界建筑会议上提出新陈代谢1960宣言，内容如下。

新陈代谢派是对未来社会的形态作具体提案的小组的名称，宣言如下：

"我们对人类社会的考虑也如同宇宙由原子发展为大星云生成的过程相同，因此采用生物学新陈代谢之生物学用语表示。我们认为必须将设计或技术作为与人类生命力一体来考虑，从而我们不仅像生物自然地新陈代谢，而且要积极地促进新陈代谢。

本次由建筑家汇总的对都市提出提案，相信今后各领域的设计者、美术家、技术工作者甚至建筑家多领域学者都会参加进来。以此提案为开始我们小组还要继续新陈代谢工作。"

新陈代谢/1960面向都市的提案中各位建筑家都有具体的提案。由大高正人和槇文彦共同提出群造型Group-Form-新宿副都心计画1960。

（3）群造型理论

对集合体的研究是槇自20世纪60年代就开始的。槇常提起在走访希腊群岛伊兹拉岛时从地中海集落受到的群体的启示。槇在美国教学时也担任城市设计课程。也许这些都与他之后关注群体设计，提出群造型理论相关。

槇的群造型理论曾在（Investigations in Collective form）一书中发表《集群形态研究》的文章1964在华盛顿大学出版。从建筑和类建筑的集群角度来研究建筑和城市之间关系。槇写道："群造型基本概念是从对历史街区的认识开始，城市设计家与建筑家近年非常关心这一课题，群造

新宿副中心规划 1960
大高正人 槇文彦

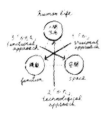

菊竹清训
新陈代谢概念

高密度空间

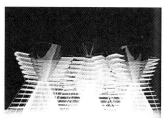

高密度空间模型

型将成为大规模形态的创造的关注焦点。"

被槇称为的三种集合体：组合型（Compositional Form）、群造型（Group Form）、巨构型（Mega Form），三者中尺度和密度都有所不同。

槇认为"三种形式的模型可在一个形状中共存"，但他最关注的是"群造型"。

槇的著作第一章集合体——三人范例（PARAPHRASE）；另一部著作（集合体中的关联）、（个性化的形态结合）合成的集合体不仅具有物理的属性，也具有与人们活动有关联的场所性。槇称之为关联影响。

关联行为：由于关联，我们各种活动都是重合交叉，由重层相关的行为形成了都市的形态。槇分析为五种不同的关联行为：变形、确定、反复、功能路径形成、选择。指出关联是形成群造型的决定要素。

关于集合体中的媒介空间，在《低密度开发关连空间》一文中他写道："使用密度越高，场地中的内部和外部空间相关度会增高，内部空间和外部空间的对立概念将消失"。槇研究媒介空间与使用空间的二元性关系。

媒介空间如共享空间，是室内化的外部空间。称为城市大厅、都市部屋。

群造型设计：1965年槇文彦的《MOVEMENT SYSTEM IN THE CITY》在哈佛出版。群造型

设计首个作品是槇的波士顿规划都心部提出高次共享空间设计提案。

第二项设计是立正大学（1967年）教室群与连接的网络体系重合。

第三项是千里新城。

第四项是"为超高密度的空间的空间构思"，是生物体结构模型，显示出对室内化的外部空间的关注。

都市织物：代官山山坡露台（Hillside Terrace）概念

槇设计的代官山Hillside Terrace是自1969年开始经过30多年延续建的住居、商店、餐厅的街区，代官山场地属东京第一种住宅街区，是限高限密度的街区。

设计中将"媒介空间"作为重要的环境要素。

代官山Hillside Terrace整体构成槇关心如何将住居商业单元集合，创造出界隈环境，使建筑体与外部空间融汇，成为互不可缺的整体，形成都市生活不可缺少的整体构成。界隈空间是为进入街区步行者创造的空间，是不定形的。而并不仅是实体建筑的使用空间，同时也是属于槇多年研究城市大厅、城市空廊体系的变形。据称是与日本城市固有空间对应的联系。代官山街区流动不定形的空间境界不明确，对外来者开放，这是住宅与商业建筑设计内容以外的城市设计范畴。代官山Hillside Terrace项目体现了槇一直关注

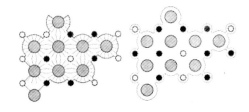

群造型三种形态（左至右组合型巨构型群造型）

高密度空间

的人和建筑、街区与城市之间的处理关系。

50年来关于新陈代谢、群造型槇发表过许多文章。

"新陈代谢是经过了充分的思考的尝试。虽然新陈代谢学派的成员在之后的个人轨迹不尽相同，我本人以'建筑行动'的形式参与其中，但至少我们共同拥有了10年的时代精神。"

"1960年在东京召开世界建筑会议时出版的《METABOLISM/1960——面向城市提案》一书成为新陈代谢学派的公开宣言（Manifesto）。其中刊登了我与大高正人的共同提案'走向群造型'，下文将介绍该提案背后我个人的思考历程。"

"早在1959、1960年分两次我海外考察时，印象最为深刻的是从中近东至地中海沿岸连绵的民居聚落。覆盖复杂的地形，以风干砖坯为基底，石膏粉刷墙面以及瓦屋面构成的民居，单纯的形态通过自由组合的形式创造出极具魅力的集合体。利用若干房间环绕小型庭院的形式成为集合的基本形态，这种极其单纯简洁的空间形式让我深为感动。60年代通过贝尔纳·鲁多夫斯基（Bernard Rudofsky）著作《没有建筑师的建筑》（Architecture Without Architects），本土建筑刚开始受到关注，我对这种风土形式的认知远早于日本历史学家和建筑家的聚落调查研究，多年后已经上升为我解读不同地域文化的能力。"

"这种聚落形式所暗示的个体与群体的关系涵盖地球自然现象到人类社会中政治、经济、组织、都市、建筑等多个方面。每个要素或单元的个性及关系势必影响作为整体的城市与建筑的特征与构成。'形态可以归结为每个建筑家对于美的追求过程中自身伦理意识的存在'，这节我最欣赏的语句中体现了我自身建筑美学逻辑出发点。"

"都市与建筑探访之旅向我揭示了有机的都市最终将建立在永存的建筑单体以及该地域的自立性之上，但是伴随群体形态与整体提供支配强度增加而导致周边环境趋于复杂时，个体意志将起到主要支配作用，这种观点成为我与新陈代谢学派区别所在。"

"60年代正是开始探索都市中建筑形态与关系的启蒙期，在当时通过集合体进行思考是十分崭新的思路。"

"在1964年出版的《集合体的研究》一书第二章收录了以连锁观点研究集合形态的随笔，其中在多个层面探讨了集合的连锁性问题。例如，构成城市基本单位的建筑物具有一定寿命，随着时间的推移老建筑与更新后新建筑间存在某种个体间有机连锁关系，自然引发出城市形态可归纳为可同时发生的无数行为总和这一观点。面临这种环境中的建筑师、规划师在导入某种设计新要素时，操作过程与方式恰恰

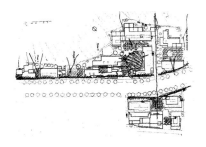

代官山山坡露台复合体
界隈环境

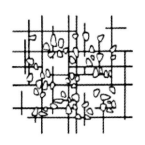

调节中间元素或隐含媒
介进行连接

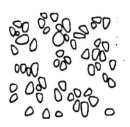

重复每个单元的共有特
征赋予群体中

折射出他们自己面对城市所要表达的立场。"

"这种立场无论是取自城市中某个特定
场所或整个社会体系，都是以自我认知为基
础，并反思个体进入整体方式的过程。在第一
章"集合体——三个范例"中所提及的组合型
（Compositional Form）、群造型（Group Form）、
巨构型（Mega Form）看似对立的三种形式，事
实上同一城市形态中这三种形式互不相斥，它们
是个体与群体间从未中断的三重基本关系。"

"针对集合体和连锁方式，设计经验尚
浅的我忽略了认知形态构成中空间存在的重
要性。与群造型（Group Form）和巨构形式
（Mega Form）相比，组合型（Compositional
Form）是以构成集合体基本单位的建筑单体
独立性为前提，但外部空间状态以及各要素
间的关系应得到更加深入的研究。随后通过
Hillside Terrace、立正大学及庆应大学藤泽校
区规划等设计项目的推进，外部空间形式决定
集合体存在性将得到全面的实践。"

"有意识性地诱发各建筑要素间的联系
（Linkage），反而将显示建筑要素的场所与时
间等独立性指标特征，这种微妙的设计手法也
来自类似的设计过程。我终于认识到对立与融
合的概念之中包含无数层面的联系，城市的真
实面貌也正是来于各种连锁的聚集。"

槇提出基本"连接"的五要素：

1. 调节；

2. 定义；

3. 重复；

4. 创造连续路径；

5. 选择。

代官山山坡露台是槇群造型理论的体现。
研究他对在代官山建筑间连接体的设计，会对
连接五要素有实际体会。

槇曾著文介绍他群造型设计实例：

"借助为期10余年的日本经济腾飞，我
的建筑设计事业发展顺利，期间也得到了实
践群造型理论的机会。其一就是与新陈代谢
学派共同完成唯一的作品——秘鲁首都利马
郊外低收入者集合住宅，另外一个就是仍在
进行中的以商业文化为中心的复合居住设施
Hillside Terrace。这两个项目不仅为我提供
了探讨'个体与群体'关系的实践机会，同
时也验证了新陈代谢学派所主张的'转型
（Metamorphose）理论'如何影响城市及居住
环境可持续发展这一课题。

代官山Hillside Terrace的案例

与利马项目不同，Hillside Terrace既不
具备标准'型'，项目前期也没有一个总体规划
目标，所以这个案例中的'整体与个体'处于
一种相对较弱的连锁关系。利用建筑单体之间
的开放空间和树木等外部空间要素为联系因子，

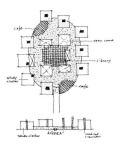

定义以可知的界限围合
不同的结构

创造连续路径
按顺序完成空间关系

新加坡共和理工学校

个体间差异性反而构成了整体的印象，这与机械叠加设计手法形成的整体印象有很大不同。

当然我们也曾尝试发现一种基本'型'，1969年项目一期的B栋采用首层店铺加两层复式居住共三层的基本构成，当计划继续延续这一基本'型'时，出于功能调整及缺乏对当地文脉灵活应对能力等原因被我们自身加以否定。从那一刻开始，我们更加关注建筑外立面的延续性，人性尺度的外部空间和树木的配置效果等共通的个体因子。历经25年和六期的建设，建筑单体各自的表层与构成不仅体现了各阶段设计手法的差异性，也表达着留住历史记忆的设计意图。建筑计划学教授门内辉行的论文《街景记号论研究》中，以记号学的角度解析了大量日本优秀街区后提出城市中诸要素间的特性与共性同时存在的结论。组团形式（Group Form）的群造型经验正是通过Hillside Terrace增殖发展的过程得以实现，同时另一维度的'转型'（Metamorphose）也得到了验证。

25年的过程之中，店铺被多次加以改装，住民也发生很大变化，但惊人的是全体构成并未改变。"

新加坡国立高等职业教育学院校园规划

"本项目为2002年国际竞赛中标方案，项目选址在新加坡兀兰（Woodlands），用地规模约20公顷，教育形式拟采用荷兰式开放教学。类似于建筑设计中工作室实习，小规模进行课题教学，由辅导教师指导在专用教室进行，也可以在图书馆实验室等进行自主活动。因此可容纳13000名学生灵活教学的教学中心（pod）既要具备极高灵活度又要满足实现在全年形成日夜教育中心场所的要求。

在11个这样的教学中心（pod）群的下方，是长边246米短边186米巨大椭圆状被称为集会广场（agora）的公共空间。其中以图书馆和试验设施为中心，复数咖啡厅、集中讲堂、娱乐设施等环绕周边。校园占地较大，为了在热带气候条件中最大限度地降低使用者的移动距离，在集会广场的上方设有庭院并有效地布局运动、文化以及行政功能，通过与用地周边的直接联系，在高密度条件下实现了高绿化率的绿色校园。这个方案与1960年大高正人一同发表的新宿车站再开发规划中以车站为中心的巨大人工地盘上规划办公、商业、文化设施的方案如出一辙，我仿佛见证了群造型由小见大的历程。该项目建筑面积24万平方米预计2006年完工。"

群造型理论以现代主义建筑设计原则发展到城市设计中。

槇的现代主义群造型理论实践对我国的组团式开发很有启发。不仅仅是建筑艺术处理角度，其中包含了从人的行为科学分析、对城市设计人的尺度的掌控、对交通的组织、对室内外空间的穿透互动等方面。

第五章　团队设计精神

MAKI AND ASSOCIATES ARCHITECTURE AND PLANNING
株式会社槇总合计画事务所

MAKI AND ASSOCIATES ARCHITECTURE AND PLANNING
株式会社槇总合计画事务所

槇1965年归国后在东京成立的槇总合计画事务所已有近50年的历史了。几十年来在日本及国外创造了近百件著名建筑作品，获得了几十项奖。这所有业绩与槇领导培育的具有高技术艺术水平、责任心极强的（株式会社）槇总合计画事务所设计团队相关。

关心槇事务所的建筑家都会熟知槇的网页介绍，在此仅作简要介绍。

（株式会社）槇总合计画事务所

性质：槇总合计画事务所专业性质是建筑和城市设计专业事务所。所承担的工程项目的结构设计、设备设计等与其他专业事务所合作。

组织规模：槇总合计画事务所现有45位左右建筑师、规划师

社长由槇文彦担任

副社长志田巖 福永知義 若月幸敏 鹿岛大睦 龟木等

项目主任：德重敦史 千叶昌广 杉浦友哉 长谷川龙友等

工作方式：槇总合计画事务所工作方式是以设计项目分成设计组Team。所有项目槇都掌控并与各组讨论设计。各组从方案立意直到设计施工完成全程负责。

槇事务所对承担设计项目具有很强的为业主服务的责任心。由于提出经典有创意的作品，受到业主的好评。与很多国内外开发商建立了多年的信赖合作关系，不断受到接续委托的项目。

槇总合计画事务所建筑师坚持下施工现场制度，对材料、细部在现场不断试验推敲。做各尺度的模型，多年对国内外各类型建筑积累了宝贵经验。

槇的作品的经典细部很有名，下面摘录一段题为"我的建筑手法"早期讲演会中槇在"关于建筑空间和物质性"的部分讲演内容，可以反映出槇事务所对设计作品材料使用的不断与时俱进及以模型推敲的工作状态：槇带领总合计画事务所建筑家们研究在各个建筑采用的材料造成不同的效果。提出多年获得的建筑空间和物质性关系感受。

新材料技术的出现使现代主义受到最大的挑战，建筑的物质性使建筑家对材料有特殊的知识。

土浦邸的材料传达了物质性的重要性，例如运用清水混凝土材料。

京都国立现代美术馆的楼梯间以非常构成主义手法设计，效果由玻璃砖和金属材料物质

槇总合计画事务所

性体现了空间感。

受柯布西耶在清水混凝土墙面嵌入玻璃砖的效果影响，槇在筑波大学第一期（体育与艺术专门学群栋）墙面采用玻璃砖。槇在丰田讲堂和立正大学和自宅都尝试了清水混凝土材料，但清水混凝土耐候性差，需要后期维护。而鹿儿岛的岩崎美术馆空气质量优良达到槇设计意念表现，感受到清水混凝土与钢材组合复合的女性的美。

在日吉图书馆楼梯间为创出中世纪感觉，楼梯扶手也用清水混凝土，设计了上面天光，照入后创出中世纪风格的气氛。

槇回忆：最近感到对天际线表现很重要。天际线也许是现代在建筑方面留下的最自由的领域。藤沢秋叶台文化体育馆采用不锈钢金属双曲线屋面，很有魅力。

银色系当时在日本很流行。体育馆屋顶做了1/100模型，探讨节点甚至做1/30模型。银色金属与混凝土组合效果很突出。不锈钢屋面与天空融合一起有着宇宙船飞行器的感觉。

SPIRAL为反映青山大街的现代性，用金属材，但片断化表现，墙面用1.4米见方铝材。槇回忆，要通过大尺度的模型推敲与选材细部设计并感受实际建成的空间效果。如藤沢市秋叶台文化体育馆局部1/30模型，人都可以进入感受。通过推敲使不锈钢材与清水混凝土很好地结合在一起。

槇对材料细部的关注态度几十年不变。材料技术几十年来有很大发展，槇所设计的建筑材料技术与时俱进。

如1969年开始的代官山，从A幢500米长街区建筑饰面材料由面砖清水混凝土铝板金属柱、门窗框直至西部第七期采用金属膜使立面空间重层化的处理，反映了建筑材料的不同时代。

槇总合计画事务所参加过多项指名竞赛，获得多个一等奖。如著名的幕张国际会展中心，长达520米的拱很有特点，施工工期仅两年，设计期仅一年。共有1900幅设计图。当时做了1/200模型。值得介绍的是槇的细部节点设计不仅是建筑细部，在幕张国际会展中心的梁柱节点柱础节点都进行了艺术处理。在岛根县立古代出云历史博物馆室内结构的支撑起到了雕刻的作用。

槇认为建筑家从设计立意开始直至建成要经过设计监理等阶段，要与各种人和事打交道。另一方面建筑家的共同课题是在建筑形态尺寸选材等物质体系工作，这要一个一个项目地尝试。

在这里还要介绍福永副社长说槇经常去现场。在幕张施工时，当时61岁的槇从国外回来，刚下飞机就到幕张工地现场研究工作（成田机场也在千叶），福永很有感触。

在笔者担任深圳海上世界文化艺术中心顾问期间。深感槙及福永、长谷川等的高超技艺及一丝不苟的敬业精神。槙亲自踏勘蛇口现场，亲自向业主讲解方案。福永及长谷川等多次与业主讨论，模型从1/500做到1/100的大尺度，还要以1/20的细部模型来探讨方案。当业主提出新的功能要求时，长谷川不厌其烦地修改已完成深度很深的图纸。槙事务所在设计期间曾请日本结构顾问奥亚那、设备顾问森村及著名

景观设计家三谷彻共同讨论方案。由于招商地产业主的支持，方案正在顺利地进行中。

至今已85岁高龄的槙文彦仍一如既往地活跃在世界各地。仍在飞机上俯瞰建筑现场，勾画出草图；仍要到各个现场调查；仍指导事务所建筑师团队像大学研究室式的讨论方案；仍亲自向建设单位介绍设计。

福永说：槙一直坚持这么做，事务所几十年也一直坚持这种一丝不苟的工作作风，没有变化。

槇访问蛇口招商地产总部

槇総合計画事务所

本书编委会会议及讨论文化中心方案
（左起：罗兵　福永　傅克诚　迈克尔）

槇总合计画事务所的最新作品（来自事务所网页）

2

作品

1. 名古屋大学丰田讲堂

Nagoya University Toyoda Memorial Hall

名古屋市 1960

　　名古屋大学丰田纪念讲堂是我回日本后在日本的第一个作品。差不多同时（1958年）我设计的美国华盛顿大学斯蒂芬讲堂（Steinberg Hall）还在设计及施工中。斯蒂芬讲堂是很美国式的。我想丰田纪念讲堂是日本式的。

　　斯蒂芬讲堂作品被登载于美国建筑杂志Architect Form专集介绍1960年年青建筑家作品集中（1962年8月号）。

　　丰田纪念讲堂的建设地前面开阔，背后有缓山丘。从名古屋市可远望到。建成后据称讲堂给人们产生了纪念性大门式的印象。这是我20年中设计的建筑中最具纪念性的建筑之一，之后我不大用这种纪念性尺度。

　　在设计时我曾到印度拜访柯布西耶的雅加答的工作室，可能受到些影响。

　　丰田纪念讲堂建筑获1963年度日本建筑学会奖作品奖。

建筑功能：讲堂
建筑设计：槇文彦
所 在 地：名古屋市千穗区
层　　数：地上2层地下1层
结　　构：钢筋混凝土
场地面积：375,851m²
首层建筑面积：3,124m²
总建筑面积：6,270m²
结构设计：青木 繁
设备设计：竹中工务店
施　　工：竹中工务店
设计期间：1958 年 – 1959 年 3 月
竣　　工：1960 年 5 月
设计协力：竹中工务店

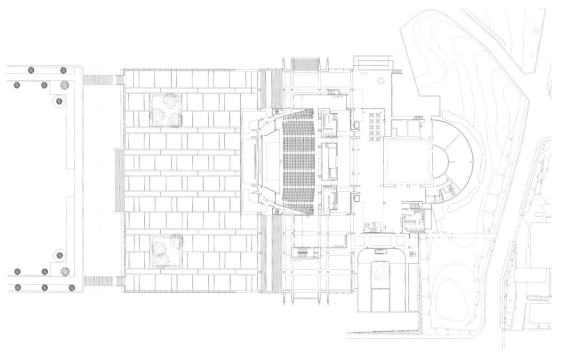

一层平面

图片来源：北岛俊治

讲座内部
外廊

图片来源：北岛俊治

休息厅

正立面

图片来源：北岛俊治

图片来源：北岛俊治

2. 代官山山坡露台复合建筑群 1-6 期

Hillside Terrace Complex 1-6

东京 1969 – 1998

代官山山坡露台复合建筑群建在位于东京中心西部东京涩谷区的代官山地区，距东京中心约7公里。

场地30年前属朝仓家所有，朝仓家除持有土地外还持有数栋建筑。1967年，朝仓不动产希望开发代官山地区，委托槇文彦设计。

代官山场地树木茂盛，地形细长，地势倾斜，是安静的住宅区，区中心的猿乐冢是6–7世纪圆形古坟。代官山最初制定容积率150％，高度限制为10m。地区属于第一种住居专用地区（后期有的地块属第二种住居专用地区）。是东京密度最低的地区。原有的旧山手道路加人行道共宽22米。道路贯穿地区，代官山开发建设计划制定了开发功能以住宅商业为中心的复合性街区开发，并确定分期开发方针。

第一期1969年建成。从东端开始规划，第一期设计方针确定为：

1. 内外部空间尺度统一；

2. 注重立面和街的空间连通、相互作用。注重设计公共的步行空间的活力性。宽的步行道作为旁边店铺的移行空间功能。注重建筑接地处理是代官山特有的街道特色。同时也注意了二层以上住居的私密性和独立性。

代官山鸟瞰　图片来源：ASPI

第七期　图片来源：北岛俊治

第一期　栋名 A 栋 B 栋
场地面积：7,167.7m²
首层建筑面积：642.8m²
总建筑面积：1,849.1m²
层　　数：地下 1 层地上 3 层
建 筑 高：A 栋 10m
　　　　　B 栋 9.97m
法　　规：住宅专用地区
　　　　　准防火地区
　　　　　第一种高度地区
施　　工：1968 年 12 月 –1969 年 10 月
建筑功能：一层店铺 二三层住宅 地
　　　　　下餐厅

第二期　栋名 C 栋
场地面积：7,167.7m²
首层建筑面积：764.1m²
总建筑面积：2,436.1m²
层　　数：地下 1 层地上 3 层
建 筑 高：10m
法　　规：住宅专用地区
　　　　　准防火地区
　　　　　第一种高度地区
施　　工：1972 年 6 月 –1973 年 6 月
建筑功能：二三层住宅 一层店铺 地
　　　　　下餐厅

第三期　栋名 D 栋 E 栋
场地面积：7,319.8 m²
首层建筑面积：1,274.7 m²
总建筑面积：5,105.2 m²
层　　数：地下 2 层地上 3 层
建 筑 高：D 栋 11.5m
　　　　　E 栋 10.6m
法　　规：第一种住宅专用地区

准防火地区
第一种高度地区
施　　工：1976 年 10 月 –1977 年 12 月
功　　能：地下 2 层办公，会议
　　　　　地下 1 层至 3 层住宅

代 官 山：丹麦大使馆
栋　　名：丹麦大使馆 使馆栋大使
　　　　　公邸
场地面积：1,971.9m²
首层建筑面积：766.2m²
总建筑面积：1,896.3m²
层　　数：地下 1 层地上 3 层
建 筑 高：使馆栋 9.9m
　　　　　公邸栋 8.2m
法　　规：第一种住宅专用地区
　　　　　准防火地区
施　　工：1978 年 9 月 –1979 年 10 月
建筑功能：大使馆

第四期　栋名 Annex Building A 栋 B 栋
场地面积：A 280.0m
　　　　　B 157.5m
首层建筑面积：A 151.5m²
　　　　　　　B 102.8m²
总建筑面积：A 276.9m²
　　　　　　B 311.4 m²
层　　数：地下 0 层地上 3 层
建 筑 高：A 8.85m
　　　　　B 9.19m
法　　规：A 第一种住居专用地区
　　　　　B 第二种住宅专用地区
施　　工：1985 年 5 月 –1985 年 12 月
建筑功能：画廊 工作室

第五期　Hillside 广场
场地面积：7,319.8m²
首层建筑面积：88m²
总建筑面积：574m²
层　　数：地下 2 层地上 2 层
建 筑 高：6.8m
法　　规：第一种住宅专用地区
　　　　　准防火地区
　　　　　第一种高度地区
施　　工：1986 年 6 月 –1987 年 6 月
建筑功能：一层停车坊场管理栋
　　　　　地下演出厅画廊

第六期　栋名 F 栋
场地面积：1,978.9m²
首层建筑面积：1,361.9m²
总建筑面积：5,140.3m²
层　　数：地下 1 层地上 5 层
建 筑 高：19.5m
法　　规：第一二种住宅专用地区
　　　　　准防火地区
　　　　　第一种高度地区
　　　　　第三种高度地区
施　　工：1990 年 6 月 –1992 年 2 月
建筑功能：地 F 下一层店铺二层至五
　　　　　层住宅

第七期　栋名 G 栋
场地面积：993.5m²
首层建筑面积：666.3m²
总建筑面积：2,726.9m²
层　　数：地下 2 层地上 4 层
建 筑 高：14.0 m
法　　规：第一二种住宅专用地区

第一期　图片来源：新建筑

代官山设计也融入日本本地元素。

A栋面对旧山手大街，重视横向的集合体形象，由铝和玻璃构成薄膜式浮游感的立面。

A栋旁设计了内部化的庭，在日本式雁形平面的画廊前设计了中庭，草地和木板地面创出了为住户享用明亮的庭。

B栋处于场地中央位置，为取得对比立面，立柱较粗，为保持统一，外墙选用白色马赛克饰面。

低层的C栋用水平横向窗。

B栋和C栋中间庭导入光和风，由点景等造成空间的重层感。

一期建筑2000平方米。

第二期C栋建于一期5年之后，设计了中庭，店铺围绕中庭。入口建筑架空，中庭与街区空间连续的做法建成后很吸引人流。于1973年建成。

第三期场地南北向很深，猿乐冢古坟位于场地中间。将D栋和E栋平面垂直布置。E栋位于南侧利用地势设计了五层建筑。D栋在猿乐冢近旁设计了曲线台阶。于1977年建成。

第四期于1985年建成。由于规模很小尽量设计的单纯化。以曲面混凝土墙及玻璃天窗构成。由元仓事务所设计。

第五期1987年建成。

位于一期B栋二期C栋间的地块。地上是停车场。地下设计了演出厅、多功能厅（可容180席）。

第六期1992年建成。土地改为第二种住宅专用地区。

G栋高度维持10米。后面可建4-5层。

F栋底层设计展示咖啡厅等以文化活动为中心的功能。

第七期代官山西侧500米处。1998年建成。有ABC三栋建筑。

设计注重与旧山手道路及北侧道路以内部平台相连接。将三栋复合组合，面向的平台设各种服务及儿童游戏空间。

第一期至第六期共有12栋建筑。

第七期位于西部距东离500米处。槙事务所设在西区。

代官山设计特征：

建筑内外公共空间连续，地上室内外用广场、平台、下沉花园、中庭等各种室外空间与店铺、咖啡厅、餐厅、音乐厅等连接，创造成洄游式公共空间。

第七期位于西部距东离500米处。槙事务所在第七期。

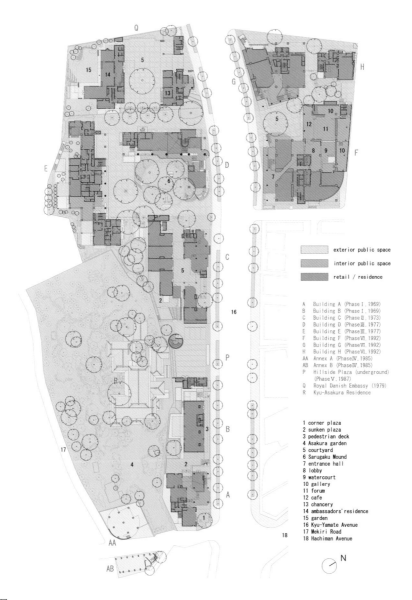

```
exterior public space
interior public space
retail / residence
```

```
A   Building A (Phase I , 1969)
B   Building B (Phase I , 1969)
C   Building C (Phase II , 1973)
D   Building D (Phase III , 1977)
E   Building E (Phase III , 1977)
F   Building F (Phase VI , 1992)
G   Building G (Phase VI , 1992)
H   Building H (Phase VI , 1992)
AA  Annex A (Phase IV , 1985)
AB  Annex B (Phase IV , 1985)
P   Hillside Plaza (underground)
    (Phase V , 1987)
Q   Royal Danish Embassy (1979)
R   Kyu-Asakura Residence
```

```
1   corner plaza
2   sunken plaza
3   pedestrian deck
4   Asakura garden
5   courtyard
6   Sarugaku Mound
7   entrance hall
8   lobby
9   watercourt
10  gallery
11  forum
12  cafe
13  chancery
14  ambassadors' residence
15  garden
16  Kyu-Yamate Avenue
17  Mekiri Road
18  Hachiman Avenue
```

N

一层总平面图

有专家分析代官山的现代主义城市设计语言，简述如下：

1.建筑和道路间利用转角广场、门厅、入口大厅、下沉广场、围合式中庭、通廊等多样的媒介空间，形成代官山整体的公共空间体系。为城市设计提供优秀实例。

2.反复利用建筑语言，创造出都市景观的连续性。在有的场合利用变形方法赋予建筑个性感。

3.转角入口是规划特征之一。

4.很多场合利用圆柱。圆柱在视觉上有独立感，二层高的圆柱起强调场所的特异性作用。

5.集合体的代官山重视"微地形"细微的变化。有对应设计。

6.将大体量分割，注意保持尺度一贯的原则。

7.有意识地利用树木的差异性表现场所特征。

8.重视集合体的存在性及相互眺望性。利用开放空间、街路、古坟、树木、下沉庭院、入口等将人们视线组织相互网络化。

9.发挥日本传统空间的奥及褶，可见与不可见重层性特征。

10.注重进入代官山街路的洄游性。

11.创造人们在眺望街景时也享受孤独感的空间。

12.代官山运用了的一贯的现代主义建筑语言，现代主义的"透明性"以材料和空间表现了透明性。并表现了日本建筑的传统空间奥性。利用"白色"、"轻"、"简明性"、"几何学性"、"阴影"等现代主义要素反复使用创造特色都市景观。

室内外贯通空间

第七期庭院　图片来源：新建筑

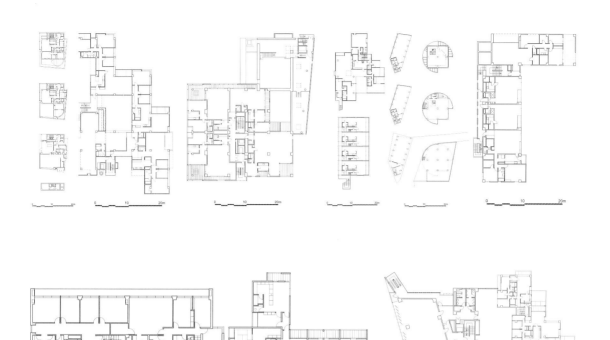

代官山街区平面

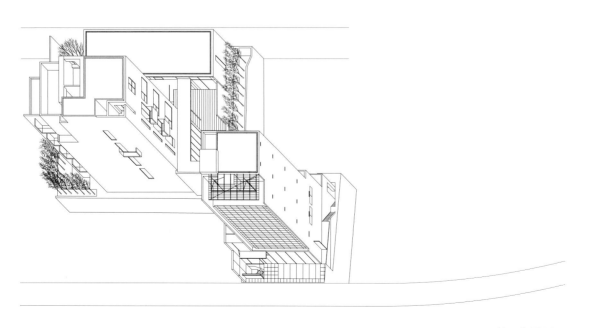

第七期轴测图

街景 1

街景 2

3. 岩崎美术馆

Iwasaki Art Museum

鹿儿岛 1979

岩崎美术馆位于日本南部鹿儿岛指宿，当地属亚热带气候，光照极强，蓝天白云的天空很像冲绳。美术馆建在靠近海边的田园中。岩崎美术馆属私人收藏品性质美术馆。

美术馆基本是一层的建筑，设计吸取"别墅"从室内确定最佳视野的经验。主要材料选择钢筋混凝土和钢材，为保护周边绿色环境及清新空气，混凝土材表面用了特殊涂料。

为与美术馆混凝土实体材料对比，导入纤细的混凝土框和钢材这样细小的尺度，以此表现出现代别墅之意境。

如何均衡处理别墅的开放性和美术馆的闭锁性两方面要求是设计的课题，因而将主美术馆上部设计光室（主展室的采光天窗）以及小展室，面向庭园的玻璃入口组合于混凝土的实体体量中。

为表现别墅式的建筑接地性很强的特征及解决场地高差，设计了大尺度台阶（每步宽60cm，高30cm），创造很美的接地构成。

美术馆各处可见十字记号，十字是孩子们表示家的记号，也是单纯闭锁的象征，但这里设计的十字显现出暧昧性，十字的横道不在中间而是向下以人的尺度决定。混凝土框的尺寸很小，十字与框构成了笼的感觉。

十字形和凸字形是岩崎美术馆设计的主要构成要素。

建筑功能：美术馆
建筑设计：槇总合计画事务所
所 在 地：鹿儿岛县指宿市
层　　数：地上一层地下一层
结　　构：RC
场地面积：9,805m²
首层建筑面积：1,114m²
总建筑面积：1,347m²
结构设计：木村俊彦结构设计事务所
设备设计：总合设备计画
施　　工：间组
设计期间：1977年2月 – 1977年8月
竣　　工：1978年12月

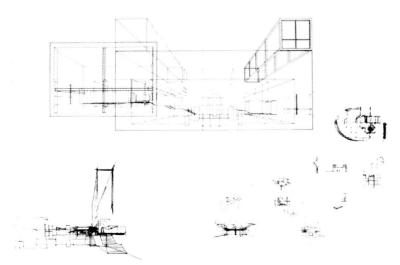

构思草图

外观 图片来源：新建筑

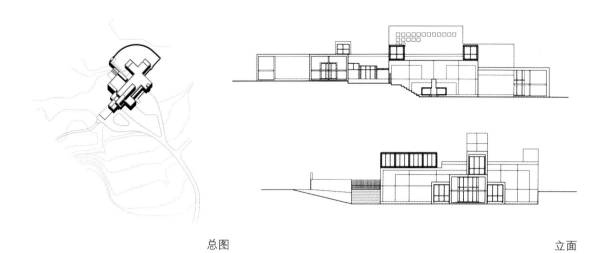

总图   立面

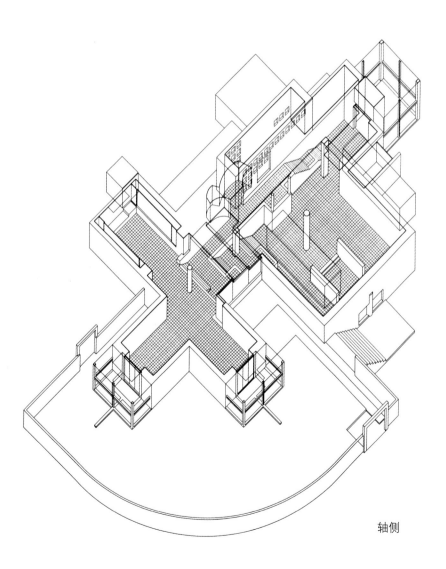

轴侧

室内　图片来源：新建筑

4. 庆应义塾大学图书馆三田校区
Keio University Library Mita Campus
东京 1981

　　庆应义塾大学三田校区图书馆新馆位于校园两个广场交接之处。一个广场是由旧图书馆和庆应义塾监局围着的仪式性广场，另一个广场是作为校园主入口的大银杏广场。这个广场很热闹，是三田山丘上活动最多的广场。为避免图书馆形体过大而对广场形成的压迫感，设计将图书馆空间中书库部分置于地下，并保证了新馆建在限定区内。根据建筑红线特点，建筑北部设计有凸窗式小空间。为与旧馆古典立面处理相对比，新馆北立面设计了很深的凹窗以强调雕刻感，开口部尽可能加大，致使在校园内绿地及人行道行走者也能感受到图书馆内的活动。

　　平面设计采用中心核心筒，窗周围是大空间阅览室，地下全部是书库。地下一层是开架书库，地下二层闭架书库。一层是目录厅，参考书厅，复印，学生阅览等。图书馆是提供知识信息并应有安定环境，因而设著名艺术家的作品展，贵重书古地图等展示厅。室内装饰很高贵。第三四层设杂志阅览室，综合资料室，开架阅览。第五六层设特殊阅览及事务室，会议室，信息处理室等。

　　庆应义塾大学研究生院建在新图书馆对面，中间夹着银杏广场，由于有大量的学生经过研究生院东北角，因而特别在东北转角处设计了台阶、入口、钟塔等吸引视线的处理。

图书馆室内　图片来源：门马金昭

建筑功能：图书馆
建筑设计：槇综合计画事务所
所 在 地：东京都港区三田
层　　数：地上 7 层地下 5 层
结　　构：SRC
场地面积：48,400m²
首层建筑面积：1,621m²
总建筑面积：15,188m²
结构设计：木村俊彦结构设计事务所
设备设计：总合设备计画
施　　工：安藤建设. 清水建设. 户田建设. J.V.
设计期间：1978 年 8 月 – 1979 年 11 月
竣　　工：1981 年 11 月
设计协力：家具：藤江和子等
　　　　　雕刻：保田春彦等

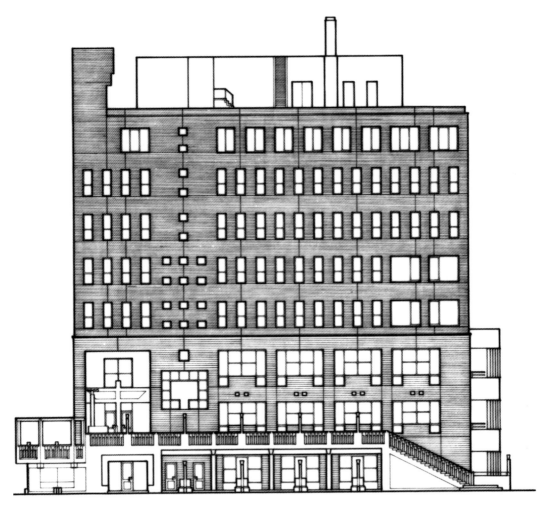

北立面

新图

老图

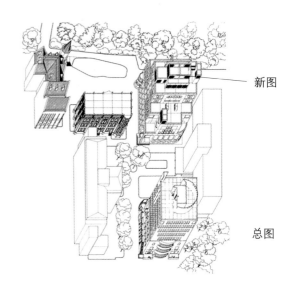

新图

总图

图书馆与对面学校间室外空间处理　　图片来源：门马金昭

5. 藤沢市秋叶台文化体育馆
Fujisawa Municipal Gymnasium
神奈川县 1984

　　藤沢市秋叶台文化体育馆特征是屋顶的造型。

　　大体育馆的屋顶与小体育馆屋顶的两个曲面体互相呼应，展现出各种不同的轮廓。设计这种特殊形态的屋顶是考虑到建设场地是毫无特征的工厂地带，如果有两个突出形态的屋顶会很醒目，就如古代的社寺屋顶是集落或城市共同体的象征。

　　藤沢体育馆屋顶面层采用0.4毫米的不锈钢。这么薄的金属材料加工很不容易，施工历时两年。

　　藤沢体育馆建成后有各种评价，如像UFO、飞行船、古代卫士头盔等。不锈钢屋顶对光的反射很敏感，时而很柔和、时而很凸显。特别在日落薄暮时屋顶与天空交接的边界感到被夕阳渐渐全融化的感觉。凝视后浮现中世纪骑士的甲胄，但是又联想薄而轻的UFO，甲胄与UFO代表了"过去"和"未来"，两个时代。我认为藤沢体馆体现过去和未来之间的"现代"。

构思草图

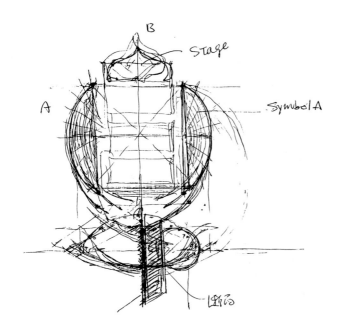

建筑功能：体育馆
建设地点：神奈川县藤沢市远藤向原
建筑设计：槇总合计画事务所
层　　数：地上 3 层地下 1 层
结　　构：RC SRC S
场地面积：64,105m²
首层面积：6,738m²
总建筑面积：11,100m²
结构设计：木村俊彦结构设计事务所
设备设计：森村协同设计事务所
施　　工：间组
竣　　工：1984 年 9 月

体育馆室内　图片来源：新建筑

外观 图片来源：新建筑

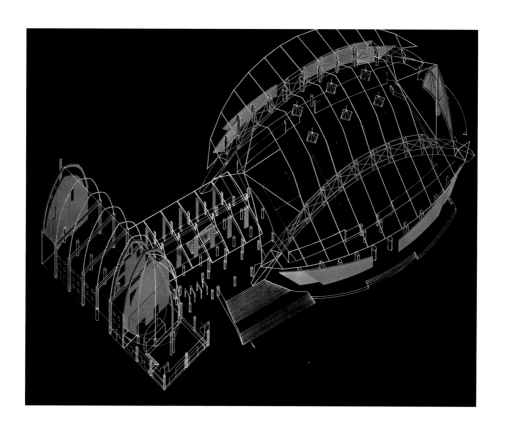

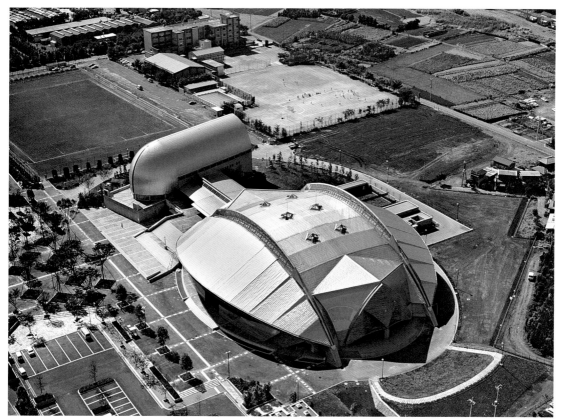

鸟瞰　图片来源：新建筑

6. 螺旋

Spiral

东京 1985

    Spiral的开发商是有名的生产女性内衣的株式会华格那公司。华格那策划了种多文化活动。这个建筑是策划文化活动的内容之一。因而我将建筑本身也当做一件艺术品来设计。

    1.Spiral的平面及空间布局

    一层以企画展示画廊为主，在后部设计了大型半圆筒形带吹拔共享空间，由顶部半圆形天窗导入了自然光。沿半圆形筒体共享空间的曲面外墙布置弧形上升坡道。在一层画廊和共享空间围着的中央部分设计了咖啡厅。沿一层咖啡厅右侧设计向立面青山大街方向的缓慢上升的台阶状很宽的步行缓梯。二层是商店，三层是会议厅。会议厅设300席，可开展各种活动。四层设放送室，五层设餐厅及屋顶花园。

    设计着重体现各种艺术关联的空间性格。锥形体内是服饰特别展览室，八九层是高两层的跃层式空间，为开发商私用的会议派对用的会所空间。在钢琴形的曲面部分布置吧台。

    2.立面体形构图

    现代主义的基础图形构成是建立在几何图形之上，用各种各样的几何图形与表层构成的手法是现代主义所信赖的。

    Spiral的设计的统合均质特性是由图形的拼贴统合构成的。

    正立面的构成要素很多，立面全体基调尺度以1.35米的正方网格控制，以便使全体达到统一效果。

    从一层至三层的立面玻璃分格以等比级数划分处理，与玻璃内面宽台阶的动态效果呼应。立面的很细的白色外柱及内柱呈现出片断感的垂直性。立面中段设计了大面积日本障子式外窗，窗框也以1.35米方格网分割，用铝合金材。玻璃采用纤维玻璃使这片障子式处理很有独立感。在八九层外墙插入自由形体。立面构成从下至上创出螺旋向上的感觉，螺旋一直上升至顶部避雷针。立面处理还由表面的凸凹，阶段状的架空柱廊，三层设有雕刻的两个阳台及设放置圆锥体的框状平台等构成。

    材料除采用铝合金、玻璃、不锈钢之外，还将不同材料统合在一起。

    总之这个立面使用了各种现代主义的语言，还用了拼贴构图手法，传达了多义的信息。具有发展了现代主义构成的意义。

    青山大道是国际城市东京的最时尚的大街，行人很多，因而建筑表层维持了人的尺度，这座建筑与周边关系既亲切又突出。这座建筑展现了城市不同的空间表情。其基本精神从表层立面即可传达。总之立面不受古典形式约束而是表现出不确定性的美感是华格那艺术中心（Sprial）的设计意图。

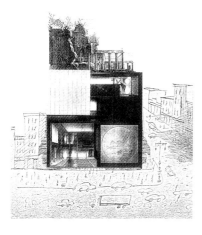

构思图

建筑功能：多目的文化设施
建筑设计：槇总合计画事务所
所 在 地：东京都港区南青山
层 数：地上 10 层地下 2 层
结 构：SRC
场地面积：1,738m²
首层建筑面积：1,462m²
总建筑面积：10,562 m²
结构设计：木村俊彦结构设计事务所
设备设计：总合设备计画
施 工：竹中工务店
设计期间：1982 年 1 月 –1983 年 9 月
竣 工：1985 年 10 月
设计协力：家具藤江和子等
　　　　　5F 室内　大野秀敏
　　　　　3F 雕刻　宫协爱子

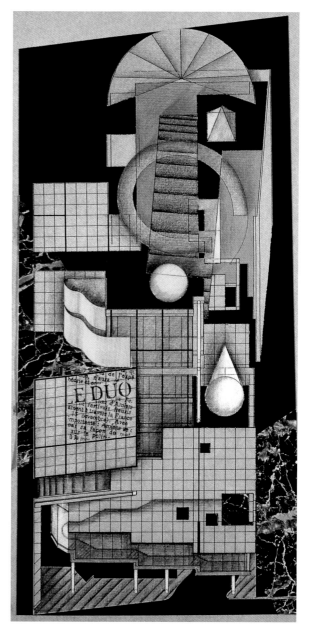

拼贴构成

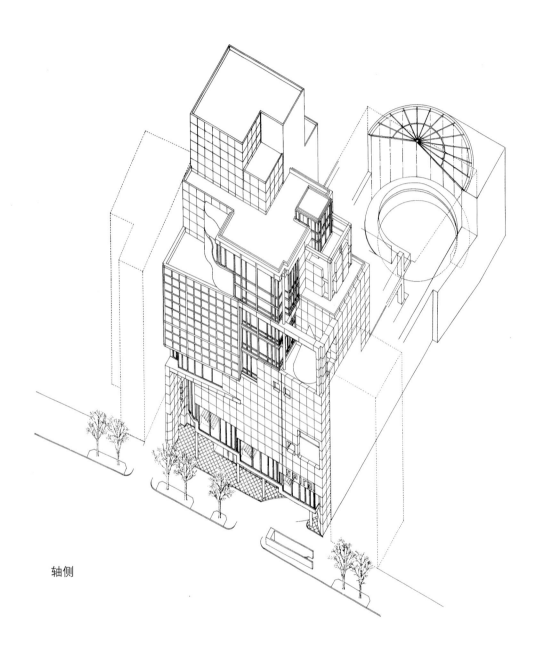

轴侧

正立面　图片来源：北岛俊治　　　　　　　　　　　　　　　　　　　主街景

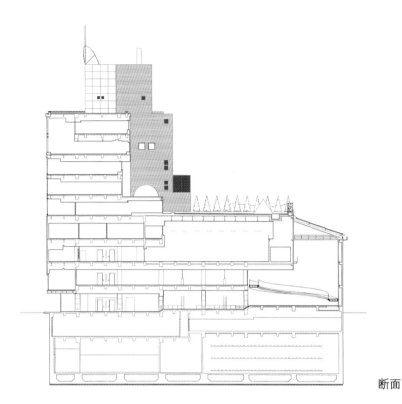

断面

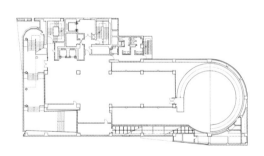

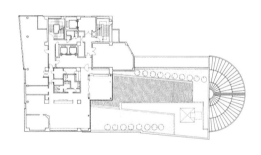

二层

屋顶花园

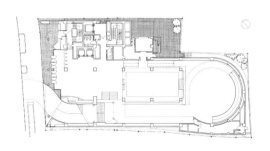

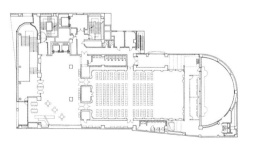

一层

会场层

楼梯平台处理

环形坡道

图片来源：北岛俊治

7. TEPIA 科技馆

Tepia

东京 1989

　　宇宙科技馆建在东京都中心的北青山地区，靠近著名的青山大道和明治神宫外苑。场地6000平方米，总建筑面积14000平方米。由于考虑到与周围环境配合，将6000平方米置于地下，尽可能减少建筑的体量。

　　宇宙科技馆建筑功能是交流先端机械信息技术的科学技术馆。目的是面对21世纪高度信息化社会，介绍未来先端技术，展望未来与交流信息的场所。

　　宇宙科技馆的设计理念是以表现现代技术传达高技信息为宗旨。在全体设计及选材方面均表现高科技特征。

　　建筑立面全体外装材选用5毫米灰色特殊发光的铝板。在极平滑的墙面上设计了抽象的面及线的图形分割。外立面设计还将各种建筑要素组合构图。

　　室内空间特征是自一层至三层由垂直竖向洄游式空间构成，使来馆者有机械（Tepia）似的感受。室内装置与外部闪光很有高科技感。二层布置AV文库、讲义、来馆者休息及咖啡厅，从室外平台可直接进入。三层是展示场。四层是会议大厅。并可适应各种要求多功能使用。

建筑功能：展示场
建筑设计：槇综合计画事务所
所 在 地：东京都 港区
层　　数：地上4层地下2层
结　　构：SRC
场地面积：6,077m²
首层建筑面积：2,324m²
总建筑面积：13,810m²
结构设计：木村俊彦结构设计事务所
设备设计：总合设备计画
施　　工：鹿岛. 清水. 间. J.V.
设计期间：1983年–1987年
竣　　工：1989年4月
设计协力：家具：藤江和子

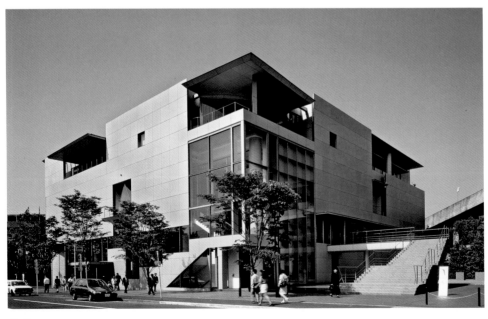

外观

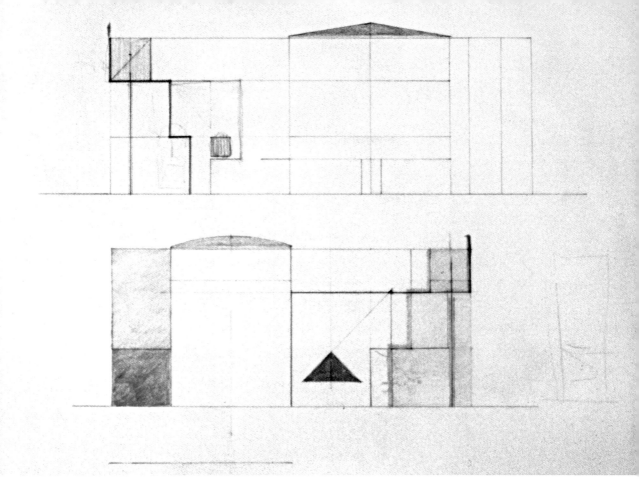

立体构成

入口大厅　图片来源：北岛俊治

外观　图片来源：北岛俊治

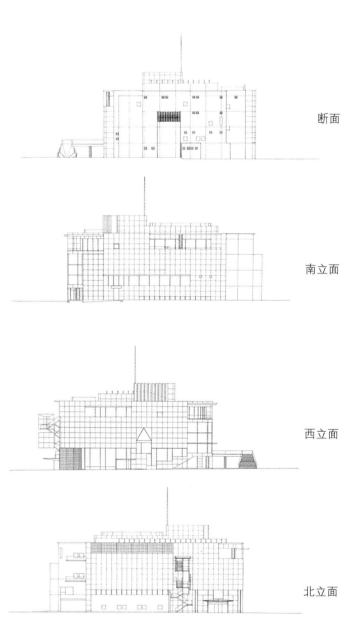

断面

南立面

西立面

北立面

8. 富山市民广场

Toyama Shimin Plaza

富山市 1989

富山市民广场是富山市百年设纪念事业规划项目之一。位于富山市都心重要位置。市民广场与城址公园为中心的公会堂、博物馆等共同形成文化中心。建设规划目的是使都心活性化，建设要求体现公民需要的象征性。要求市民广场营造出轻松的气氛，为市民提供享有与日常生活相关并便利的设施。如适应可随时利用，在很短时间欣赏音乐、绘画及健康利用等活动要求。

设计概念确定为：为市民们休憩的"城市的客厅"。内部空间以共享空间为中心，设音乐厅、重奏厅、多功能厅、指导市民艺术活动的场所艺术画廊、外语学校、社会教育中心等学习中心，还设有商店、画廊、咖啡歺厅、fitness俱乐部。

建筑空间构成注重内外关系，从外部可隐约看到内部的活动，围着有天窗的共享空间设计了学习栋、会议栋、画廊栋。各设施间可方便联系，空间流动，设计造成重层空间感。强调空间的洄游性。以便市民随时自由利用。

外装饰材采用单色，底部用花岗石，上部用铝合金、玻璃等，顶部创造一种消失在天空的感觉。市民广场建成后由于很有特色，能吸引市民根据自己意愿参与活动。真正形成新都心市民自主使用的新型文化活动中心。

建筑功能：公共设施
建筑设计：槇综合计画事务所
所 在 地：富山县富山市大手町
层　　数：地上7层塔屋1层地下2层
结　　构：SRC 部分S
场地面积：6,003m²
首层建筑面积：4,283m²
总建筑面积：22,702m²
结构设计：花轮建筑结构设计事务所
设备设计：森村协同设计
施　　工：佐藤工业. 鸿池组. 林建设. 日本海建兴. 近藤建设. J.V.
设计期间：1986年8月–1987年11月
竣　　工：1989年12月
设计协力：特家具. 地毯：藤江 和子
　　　　　音响：永田音响设计

天窗处理　图片来源：北岛俊治

主景　图片来源：北岛俊治

室内光影　图片来源：北岛俊治

9. 幕张展览馆一期
Makuhari Messe Phase 1
千叶县 1989

　　幕张国际展示场建在千叶县幕张新都心。填海的幕张新都心场地面积552公顷。国际展示场是最主要的公共设施，也是最早建设的项目。幕张新都心还建有旅馆商业，先端企业的总部办公楼群，公园等。计划周边住宅居住约26000人。

　　幕张国际会展中心用地面积17公顷，沿海边场地长方向约600米，短边300米。

　　幕张国际会展中心面积约13万平方米，设有大展示场、活动厅、大小会议群等，总展示面积54000平方米，可举行每日接待20万人的大型展览。幕张国际会展中心全体构成动线明快，设计了沿东西方向的主跨度，南北向设三栋建筑。地面一层货运，二层人行入口。西邻大停车场。东邻旅馆群以栈桥连接，中北有桥与展馆主入口连接。展示场起名幕张Makuhari Messe。Messe是过去教会用的语"市"的起源，市是人员信息交换的场所。幕张Messe在设计时吸取了这一概念，以弧线形大展示场为背景，前面设计朱红钢架构筑，铝、玻璃半橄榄球形屋顶的会堂（直径90米，高27米），创造出热闹的都市景观。主展示场屋顶由曲率1千米弧构成。弧长530米。从位于千叶县的成田机场上空俯视530米巨大的金属屋顶有如迎客的大门，非常醒目。展示场内分8个区。区间设防烟隔声高10米可动隔段。

建筑功能：展览 礼堂 会议场
建筑设计：槇综合计画事务所
所 在 地：千叶县千叶市美浜区
层　　 数：地上4层地下1层
结　　 构：RC S PC
场地面积：173,191m^2
首层建筑面积：106,144m^2
总建筑面积：131,043m^2
结构设计：木村俊彦结构设计事务所
SDG 结构设计集团
设备设计：总合设备计画
施　　 工：展览: 清水. 鹿岛. 竹中. 飞鸟.
　　　　　 三井. J.V.
　　　　　 礼堂: 大林. 旭. J.V.
　　　　　 会议场: 大成. 新日本. J.V.
设计期间：1986年10月 –1987年9月
竣　　 工：1989年9月
设计协力：景观 EQUIPE ESPACE

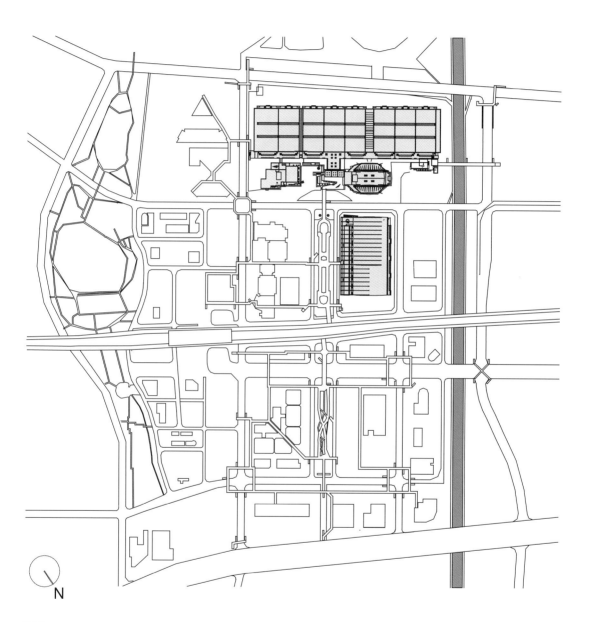

N

总图

鸟瞰　图片来源：北岛俊治

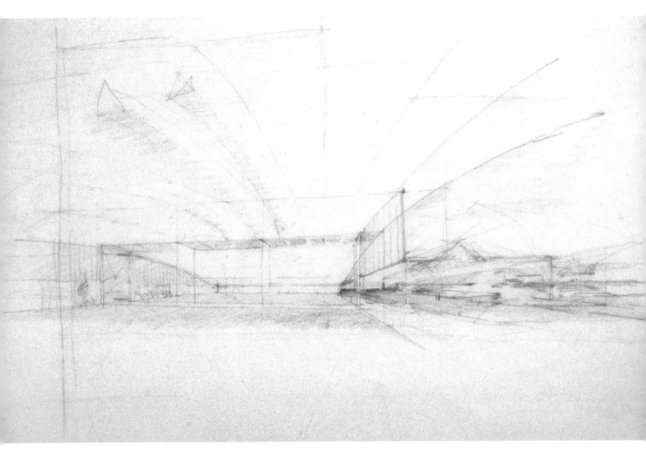

草图

构思草图

主入口 图片来源：北岛俊治

展示厅室内 图片来源：北岛俊治

10. 幕张展览馆二期

Makuhari Messe Phase 2

千叶县 1997

　　幕张国际会展中心是幕张副都心最早建设的对副都心有先导带动作用的设施。自1989年一期建成开放以来，已成功开展大量国际性、集客性、信息发送性等各种活动。近年来为配合更多形式的活动要求，计划建设幕张二期北展览中心。北展示中心主展览会场面积18000平方米，以满足重大展示需要。考虑到便于地区产业利用，设计的大展厅可分为两个中型展厅的设施使用，此外还设有特别会议室、研究会室等各种空间。幕张二期北展示馆沿幕张新都心都市轴建设，与面海侧的幕张Messe一期形成空间连续的规划理念。幕张展馆一期屋顶轮廓的巨大弧线犹如山形，二期展厅屋顶形式则可视为波浪形。一二期统合赋予幕张新都心有力的动感新形象。展示大厅的96米×216米大屋顶由96米跨立体桁架单面支撑的结构体系支撑。向上及向下曲面的两个曲面相结合以反力保持结构的安定性。为保证屋顶节点形态的艺术感，采用高强度铸钢材，悬索结构轻的轮廓显示出展厅面向都市的开放性。立面外观体现港、人、物、信息交流姿态。南面的有带篷的广场与大台阶坡道向街开放，显示幕张Messe的开放性及祝祭性。

建筑功能：展示场
建筑设计：槇综合计画事务所
所 在 地：千叶县千叶市美浜区
层　　数：地上2层
结　　构：S SRC RC
场地面积：43,960m²
首层建筑面积：30,572m²
总建筑面积：37,176m²
结构设计：SDG 结构设计集团
设备设计：总合设备计画
施　　工：清水．大林．三井．J.V.
设计期间：1994 年 8 月 –1995 年 10 月
竣　　工：1997 年 9 月
设计协力：景观：EQUIPE ESPACE
信　　息：NTT

二期北展厅　图片来源：北岛俊治

展厅　图片来源：北岛俊治

休息厅　图片来源：北岛俊治

11. 京都国立现代美术馆
National Museum of Modern Art Kyoto
京都 1986

　　京都国立现代美术馆建在京都东北部的冈崎公园。冈崎公园是日本最早的现代公园。京都的主要文化设施都集中建在公园内，近代美术馆的场地旁邻有日本象征性的朱红色大鸟居及琵琶湖疏水面，建设场地是京都重要的名胜景观地区。美术馆是收藏20世纪西洋和日本美术收藏品，属国家收藏品美术馆。为了表现现代的时代性，建筑设计重点决定表现与这个重要风致地区相应的静寂气氛。强调了檐部的水平线，在建筑的四角部分设计了透明的玻璃，以其垂直透明性来反映现代感。美术馆是重要的公共建筑，表现其庄重性也是重要课题，因而外墙材料选用与风致地区相协调的表面是灰色花岗石材的PC板，玻璃采用透明和有日本障子效果的半透明玻璃，及灰色铝板等材料，使建筑表层显现出微妙的变化。这些处理使建筑外观与周围环境相适应。

　　室内空间设计特点是在建筑中心部位设计从一层入口大厅至四层的带天窗顶光的吹拔，其周围设计了各种各样的空间。一层有入口大厅，服务台、小壳店，茶室，展示大厅，讲堂，办公室等。二层设馆长室，接待室，学艺科办公室等。

　　与四层高的带有顶光的吹拔连通，三层企画展示室和四层常设展示室由于与吹拔相联系而造成很开阔的空间感。

建筑功能：美术馆
建筑设计：槇总合计画事务所
所 在 地：京都府京都市左京区冈崎
层　　数：地上 4 层地下 1 层
结　　构：SRC
场地面积：5,000m^2
首层建筑面积：2,142m^2
总建筑面积：9,983m^2
结构设计：木村俊彦结构设计事务所
设备设计：森村协同设计事务所
施　　工：竹中. 松村. 鸿池. J.V.
设计期间：1983 年 2 月 ~1984 年 8 月
竣　　工：1986 年 9 月

美术馆与鸟居街景　图片来源：北岛俊治

立面　图片来源：北岛俊治

立面草图

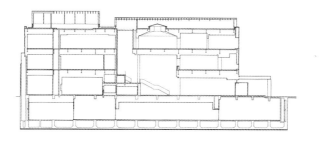

断面

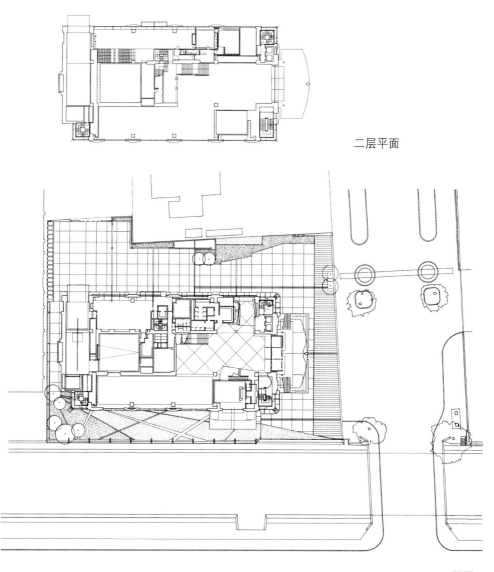

二层平面

一层平面

室内　图片来源：北岛俊治

展厅　图片来源：北岛俊治

12. 东京体育馆
Tokyo Metropolitan Gymnasium
东京 1990

东京体育馆由三个主体育设施组成：主体育馆、辅助体育馆及室内游泳馆。三者组合坐落在人工地面之上。

场地有45公顷，位于明治公园的一部分，由于外部公园空间是市民经常休憩使用的场所，因而决定将体育馆的场地对市民开放，允许市民穿通。

主体育馆屋顶的金属大曲面体是我设计藤沢秋叶台体育（1984）、幕张 Messe（1989）体系曲面屋顶体系的最后一个项目。东京体育馆的规模和设施都是最大的。

从上向下俯视，直径120米正圆形的屋顶是由两片由钢架做成的树叶式的形态并置交互组合构成。

屋面材料是0.5毫米薄钢板材。辅助体育馆屋顶设计了绀青色的磁板以加强同一性。

室内游泳馆基本采用长方体，屋顶设有自然光，采光井用树脂材。光线可因使用需要而调节。

人工地盘的场地在入口处设计上部透明的金字塔状透明造型。屋顶整体构成丰富，具有动态感。人们在其中移动时能感受到形态及总体轮廓产生出的很多变化。

建筑功能：体育馆
建筑设计：槇总合计画事务所
所 在 地：东京都涩谷区
层　　数：地上3层地下2层
结　　构：RC　S（屋顶）
场地面积：45,800m²
首层建筑面积：24,100m²
总建筑面积：43,971m²
结构设计：木村俊彦结构设计事务所
设备设计：总合设备计画
施　　工：清水. 东急. 鸿池. 大日本. 胜村. J.V.
设计期间：1984 年 11 月 – 1986 年 9 月
竣　　工：1990 年 3 日
设计协力：景观：EQUIPE ESPACE

构思草图 1

构思草图 2

图片来源：北岛俊治

群体 图片来源：北岛俊治

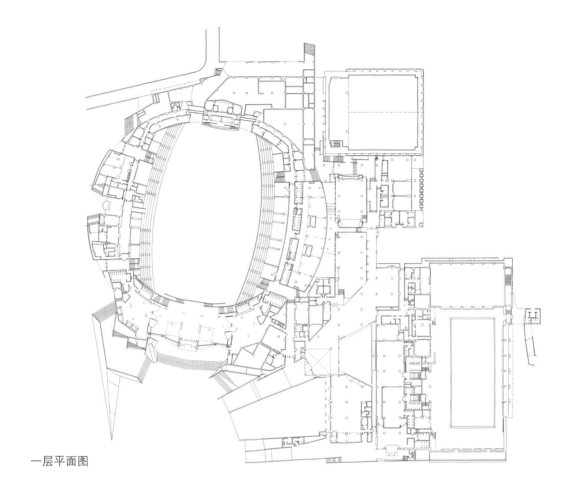

一层平面图

立面　图片来源：北岛俊治

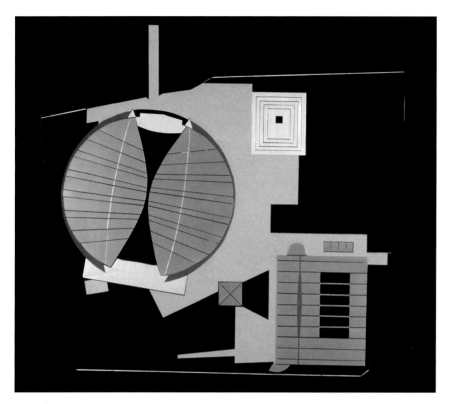

屋顶平面

图片来源：北岛俊治

13．YKK 研发设计中心
YKK R&D Center
东京 1993

　　YKK研发设计中心是YKK公司为促进研究开发目地设置的自社综合研发设施。建筑功能有计算机中心，多功能厅，住宿功能等。场地在东京墨田区的两国与锦系町中间位置，场地是工厂住宅混合的准工业区。建筑平面80米见方，四周与道路接续。建筑结合周围开放空间小公园，形成了向地域开放的形态。

　　设计条件要求与周围的住宅地尺度相适应，建筑分成了几个部分。在建筑的中央设计了高出地面8米的中庭。形成公共空间中心。办公室围着中庭，建筑西部设计了五层高的共享大厅。中庭下设多功能厅可容纳280人。主要为产品发布用。二层为外来者和各种会议空间，公共空间有可能作为生产职场，为展示时产品服务。办公栋与宿泊栋中间设咖啡厅。宿泊栋可从一层北侧进入，设30间客室和出租会议室、餐厅等。主要为研修生等用

　　建筑具有YKK公司的性格。公司要求建筑有工厂气息。

　　建筑材料外侧用铝合金，中庭用ASROC板。

　　YKK为加强建材研究目的，在建筑中设有新产品开发展示室，YKK研究和艺术中心建筑具有建材展销性格。

建筑功能：事务所研究设施
建筑设计：槇综合计画事务所
所 在 地：东京都墨田区龟沢
层　　数：地上8层塔屋1层地下2层
结　　构：S部分 RC SRC
场地面积：6,336m²
首层建筑面积：3,531m²
总建筑面积：22,512m²
结构设计：木村俊彦结构设计事务所
设备设计：总合设备计画
施　　工：竹中. 清水. 三井 J.V.
设计期间：1989年1月–1990年5月
竣　　工：1993年4月
设计协力：景观：三谷彻〔SEDO〕
　　　　　音响：永田音响设计

主立面　图片来源：北岛俊治

室内　图片来源：北岛俊治

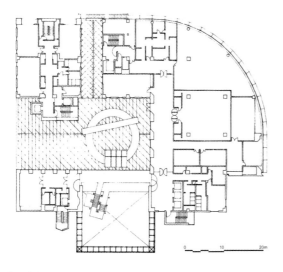

大厅平面

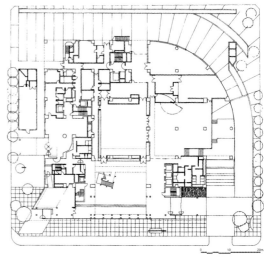

一层平面

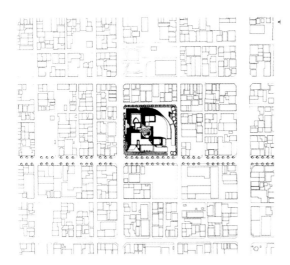

总图

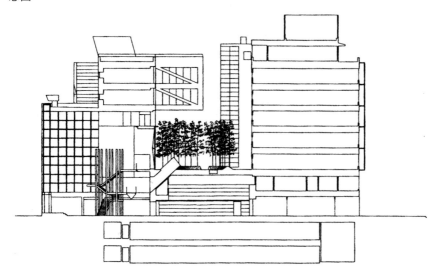

14. 庆应大学湘南研究生院

Keio University Shonan Fujisawa Campus Graduate School Research Center

神奈川县 1994

位于庆应义塾湘南藤沢校园西部。在弧状道路外侧的小丘上建的研究生院研究所，将建筑布置在曲线东西轴的顶端的处理是为了增加校园视觉上的重层性要素。

具有透明性很高的曲面体由三层吹拔的公共空间入口大厅与称为LOFT的曲面研究室两个部分组成。

透明的入口大厅幕墙高12米，南向布置楼梯休息厅及研究成果展示空间。曲面部分三层，一层是办公研究会室、讲义室等小空间。钢琴式空间的二三层各有600平方米的教室是为共同研究用。置有开放式的LOFT，四层是为研究者用室和会议室等。

二三层的LOFT空间为前期教育研究等湘南理念服务。研究空间可以灵活分隔变更，带有工作室性质。2层高的铝板特制材料不仅强调空间的一体感，而且夜晚放射出柔和之光线。这半透明的发光体显示研究所是与世界中教育体制相同的24小时制共同研究特征的国际性研究生院。

建筑功能：研究生院研究所
建筑设计：槙综合计画事务所
所 在 地：神奈川县藤沢市远藤
层 数：地上4层
结 构：RC
场地面积：313,009m²
首层建筑面积：1,300m²
总建筑面积：3,671 m²
结构设计：木村俊彦结构设计事务所
设备设计：森村设计
施 工：东急电铁十东急建设
设计期间：1992年5月－1993年2月
竣 工：1994年2月
设计协力：景观：Equipe Espace

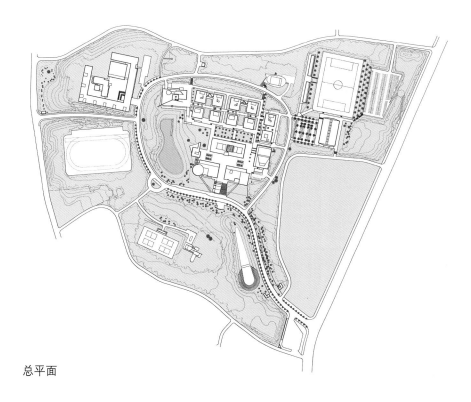

总平面

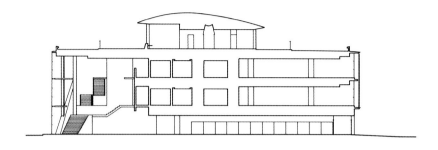

外观　图片来源：北岛俊治

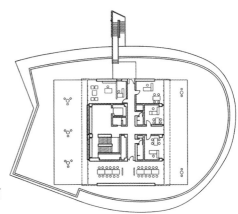

4 层顶层平面

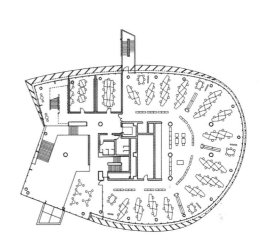

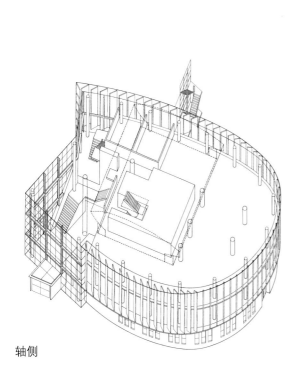

轴侧

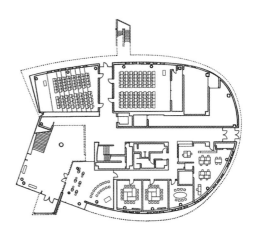

一层平面

鸟瞰　图片来源：新建筑

校园景观

室内　图片来源：北岛俊治

15. 雾岛国际音乐厅
Kirishima International Concert Hall
鹿儿岛 1994

　　雾岛国际音乐厅建在南九州岛雾岛高原。雾岛高原东北面山坡树木茂盛，东部与雾岛连峰相连，南向面对桜岛景观。雾岛音乐厅建在雾岛连峰对面，具有非常优越的景观条件。雾岛音乐厅项目是地区打造建设"雾岛国际艺术的森林"计划中的主要建筑项目。

　　雾岛音乐厅共分四个部分，内设800席的音乐厅、音乐教育用练习室、排练预演室及可容纳4000名观众用的室外音乐堂。

　　设计充分利用周围大范围绿地植物景观，在演奏、学习、鉴赏等各部分都融合吸取利用景观条件来显示各个建筑的性格。致使空间连续变化，并增强了欣赏音乐的祝祭感。

　　音乐大厅金属屋顶的光辉和轮廓明显，显示出在大自然中音乐厅的存在感。大厅树叶状平面很有古典感的空间，进入入口大厅时沿树叶形外玻璃窗坡道上行时可欣赏到雾岛的连续山峰美景。

　　排练室与练习室的背后与室外音乐场之间设有中庭，创造出森林中的音乐村所具有的特殊沉着的音乐气氛。

　　主音乐厅屋顶的锐角棱线与排练厅云似的柔和轮廓互补互映，被称为"复杂的全体"构成。

建筑功能：音乐厅
建筑设计：槙综合计画事务所
所 在 地：鹿儿岛县姶良郡牧园町高千穗
层　　数：地上2层地下1层
结　　构：RC
场地面积：44,800m²
首层建筑面积：3,190m²
总建筑面积：4,904m²
结构设计：SDG结构设计集团
设备设计：总合设备计画
施　　工：竹中
设计期间：1991年10月–1992年12月
竣　　工：1994年6月
设计协力：音乐厅特殊设备：永田音响设计
　　　　　音响：安藤四一

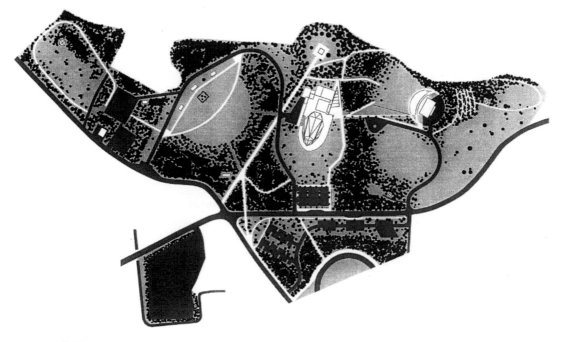

总图

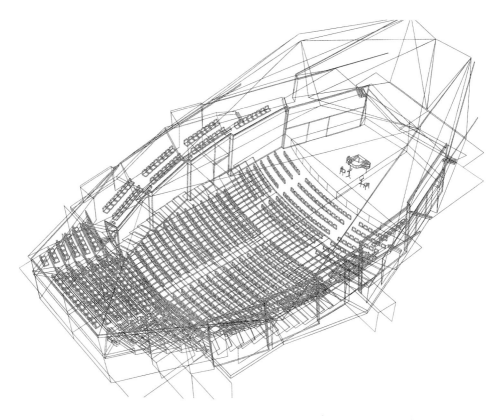

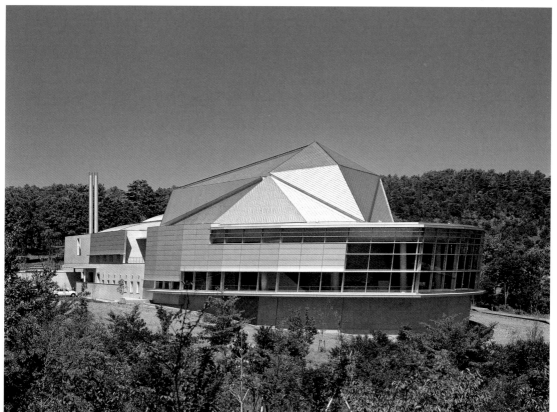

音乐厅外观　图片来源：北岛俊治

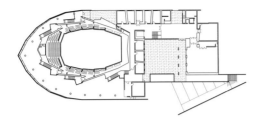

音乐厅楼底层

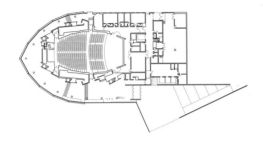

音乐厅层

断面

图片来源：北岛俊治

音乐厅室内　图片来源：北岛俊治

16. 东京基督教堂
Tokyo Church of Christ

东京 1995

　　东京基督教堂建在东京涩谷区富谷沿着山手大道。场地在40年前曾建有小教堂，由于山手大道扩展，致使教堂场地约有1/3被征为道路用地，在教徒们的要求之下，教堂决定改建。新教的教会要求礼拜堂能有1000席，以满足尽可能多的教徒使用。因受日影规制要求需控制体量。决定建650–700座礼拜堂的计划。受场地条件制约，内部空间分为两层，一层布置教堂办公室、休息厅、儿童室、交流大厅等。进入后感觉犹如"大的家庭"。

　　二层布置礼拜堂，礼拜堂尽可能有自然光，因而设计了弧形曲线屋顶的礼拜堂。室内空间创造出求心向上集中的精神性。外墙用经处理过的半透明玻璃。用杉木板框的现浇混凝土墙，沿道外墙采用花岗石。

　　室内装饰以木材为主，即感亲切又可隔声，各种连续空间室内空间光线造成充满温暖感。室内材料屏蔽了都市噪声，建成的礼拜堂静谧冥想空间很符合建筑性格。可作为弥撒后等非正式集会用。设计侧重空间的连续性。进入教堂前即从外部透过玻璃幕墙可眺望到内部空间，玻璃外墙有两层，外层采用半透明玻璃，内层采用夹着玻璃纤维的组合玻璃。形成透明和半透明有变化的外墙二重感。

入口　图片来源：北岛俊治

建筑功能：教堂
建筑设计：槇综合计画事务所
所 在 地：东京都涩谷区富谷
层　　数：地上3层地下1层
结　　构：RCSRCS
场地面积：1,245m²
首层建筑面积：948m²
总建筑面积：2,243m²
结构设计：木村俊彦结构设计事务所
设备设计：总合设备计画
施　　工：竹中工务店
设计期间：1992年10月–1994年5月
竣　　工：1995年9月
设计协力：永田音响设计

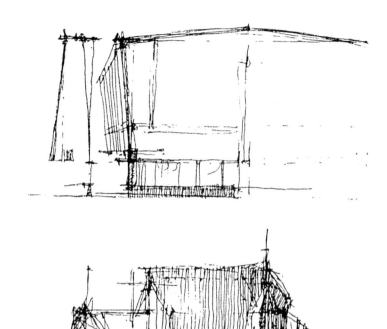

草图

教堂内部　图片来源：北岛俊治

夜景　图片来源：北岛俊治

二层平面

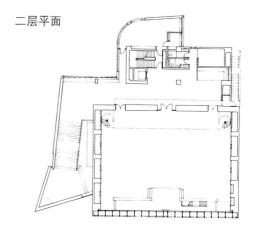

一层平面

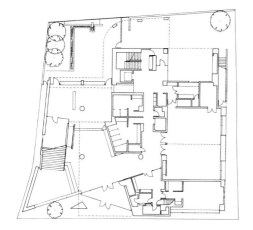

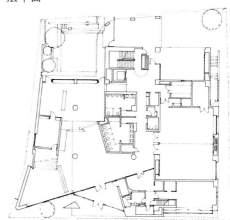

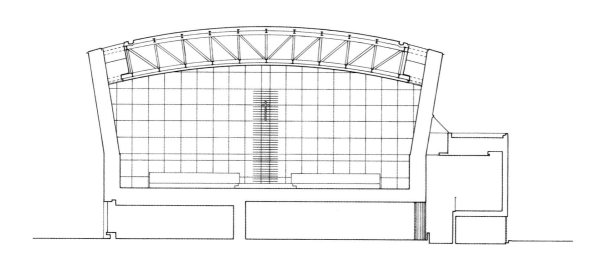

17．风之丘葬仪场 1997

Kaze-no-Oka Crematorium

大分县 1997

　　风之丘葬仪场建在大分县中津市郊外的小山丘上。中津市是人口仅 7 万人的小城市。中津市将原有墓地及近年发掘的古墓群集中地称为"风之丘"。

　　设计立意是与周边环境协调，力求设计成静谧气氛。

　　葬仪场由进行葬仪的斋场部分、告别炉前的火葬部分及火葬前的等待室三部分组成。

　　设计的宗旨是创造哀悼纪念的气氛，设计有意拉长人的行走距离，尽量使在各部分移动速度减缓，人们静静地、缓慢地完成葬仪的全仪式过程。

　　在各个部分空间性格设计时采用与空间性格相应的采光形式，空间的比例、材料选择等都很讲究。

　　在平面布局，构成方面注意创造纪念气氛。如八角形的斋场的位置，火葬部分面向中庭达到求心性。创造仪式性很高的空间。着重表现建筑的精神性。

　　等待的待合室则设计有开放可观山景的视线很好的空间。

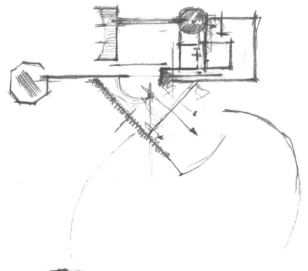

建筑功能：殡仪馆
建筑设计：槙综合计画事务所
所 在 地：大分县中津市大字相原
层　　数：地上 2 层
结　　构：RC 部分 S
场地面积：33,317m²
首层建筑面积：2,515m²
总建筑面积：2,260m²
结构设计：花轮建筑结构设计事务所
设备设计：总合设备计画
施　　工：飞鸟建设. 户田建设
设计期间：1992 年 8 月 – 1995 年 1 月
竣　　工：1997 年 2 月
设计协力：景观：三谷彻〔SEDO〕

构思草图

追思庭院　图片来源：北岛俊治

外观　图片来源：北岛俊治

室内　图片来源：北岛俊治

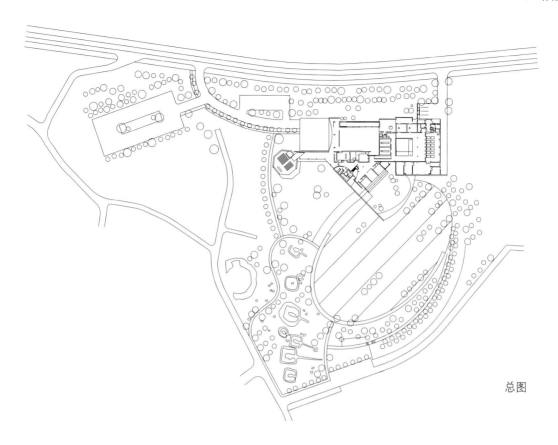

总图

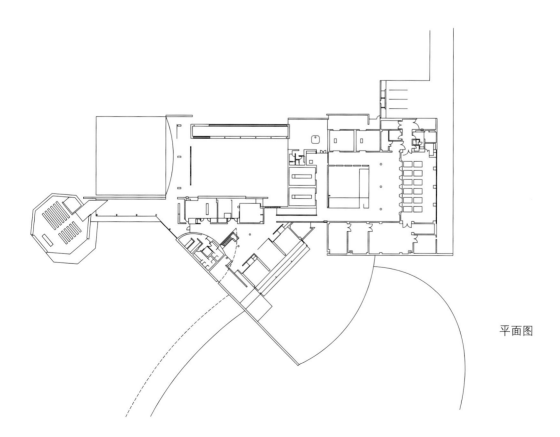

平面图

18. 三合会

Triad
长野县 2002

位于长野县穗高山麓的Havmonic Drive System公司是用最尖端工业科学技术生产精密可动产品的公司。在长野县环境优惠地建设是为生产成品提高精度。

建筑内容有三部分：研究栋、饭田善国氏收藏品展示画廊和警卫室。

将三个建筑混合起名称为"TRIAD"。

三者表示技术、艺术和安全。表面看各不相关，但很有意思，显示出建设的复合性。

为达到精密部品试做和研究成果要求的室内环境条件，研究栋的屋顶和墙设计成无接缝的光滑整体的曲面，以高隔热性材覆盖，沿着曲面有一对空调充空气涡流循环保证室内恒温。

画廊栋围着收藏库洄游式布置，饭田氏的巨大雕刻"Screern Canyoy"在常设展室展出。

建筑功能：研究所 美术馆 事务所
建筑设计：槇综合计画事务所
所 在 地：长野县南安县郡穗高町
层　　　数：地上2层
结　　　构：RC部分S
场地面积：1,148m²
总建筑面积：实验室712m²
　　　　　　画廊354m²
　　　　　　保卫33m²
结构设计：DELTA结构设计
设备设计：总合设备计画
施　　　工：野口
设计期间：2000年5月–2001年3月
竣　　　工：2002年3月

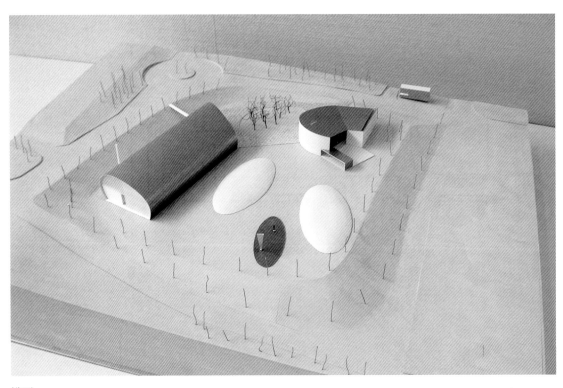

模型

图片来源：北岛俊治

图片来源：北岛俊治

19. 朝日电视台新本部

TV Asahi New Headquarters

东京 2003

  朝日电视台本部位于东京港区六本木的著名六本木新城。场地原为旧毛利庭园，场地带有池塘向东南倾斜缓坡。为唤起对原地势的记忆，延续文脉，电视台大楼低层部设计曲面轮廓。沿坡道上行时随着高度变化所感受到的外部空间也在改变。室内共享空间面向庭园，共享空间是朝日电视台的公共空间，也对来访者开放。

  朝日电视台适应媒体的变革，平面构成特点是将办公与演播厅混合布置，低层部平面以演出厅为中心，周围围着办公室以保证为播放的24小时服务要求，同时办公室空间又作为隔声缓冲区以保证播放厅不受外界干扰。办公区在必要时也可作为小播放间或展示用。

  立面显现不同表情。如北部共享空间采用透明玻璃幕墙，显示出空间的深度。办公东西周围纵向格子分割，南面水平分割并设遮阳板造成立面阴影。屋顶花园为高层办公、会议、餐厅等提供绿化室外公共交流空间。

  朝日电视台为六本木这样的重要城市中心地提供了难得的城市绿化公共空间。

建筑功能：电视台 事务所
建筑设计：槙综合计画事务所
所 在 地：东京都港区
层　　数：地上 8 层塔屋 1 层地下 3 层
结　　构：S SRC 部分 RC
场地面积：16,368m²
首层建筑面积：9,470m²
总建筑面积：73,700m²
结构设计：SDG 结构设计集团
设备设计：总合设备计画
施　　工：竹中
设计期间：1993 年 3 月 – 2000 年 2 月
竣　　工：2003 年 3 月
设计协力：景观：STUDIO ON SITE

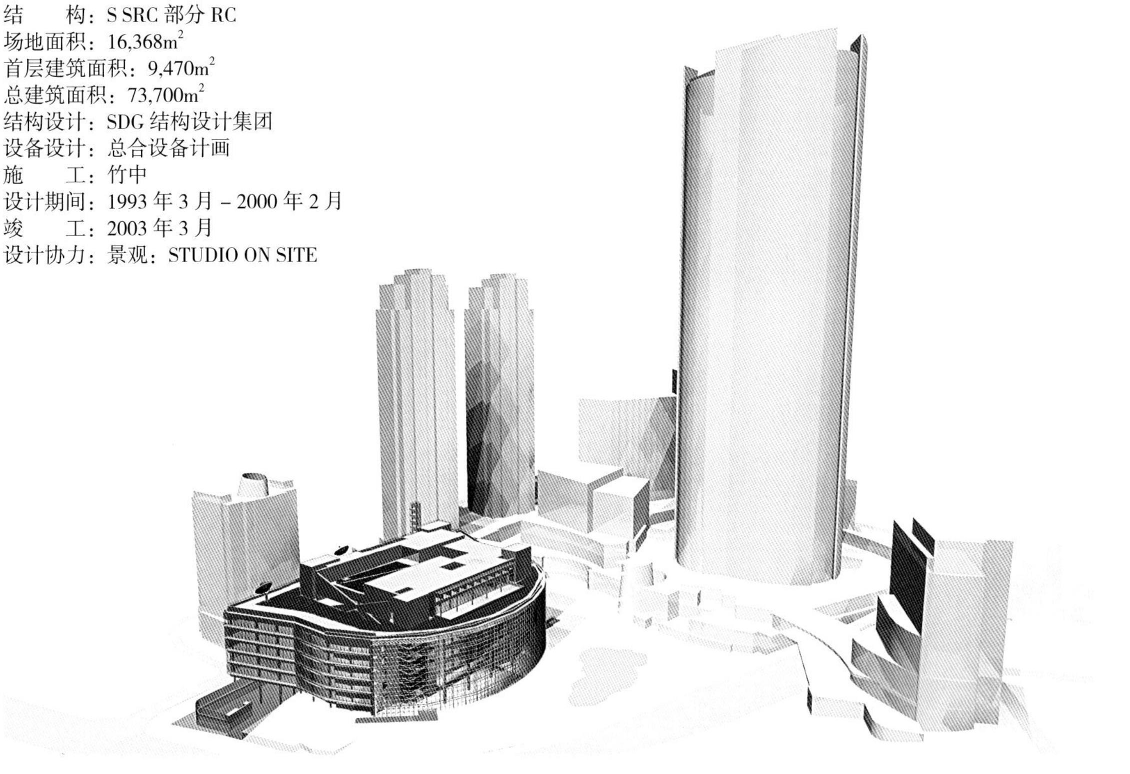

群体

夜景

入口大堂

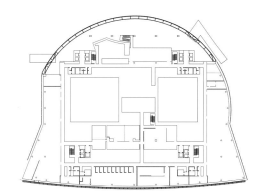

2层平面

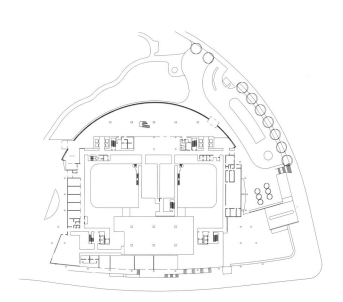

1层平面

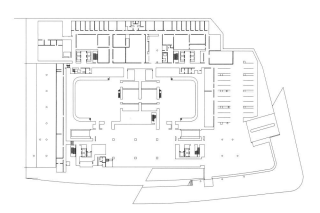

地下1层

主立面　图片来源：北岛俊治

20. 岛根县立古代出云历史博物馆
Shimane Museum of Ancient Izumo
岛根县 2006

古代和现代相联系的风景构筑是出云历史博物馆的立意。

出云地区特点是自宍道湖水边开始的出云平原广阔风景区。出云是日本养育古代文化有悠久历史的著名遗迹景点。出云大社是日本最著名的神社之一。出云大社据称最早建于1248年，现存社殿是1744年改建的。出云大社是神社建筑最古老的形式。近年来出云地区发掘出土文物很多，1984年神庭荒神谷遗迹出土356柄铜剑，1996年加茂岩仓遗迹出土39个铜锋，2000年从出云大社境内发掘出巨大的柱迹，从而证明古代在此已有大规模木结构建筑。这些出土文物将在博物馆内收藏和展示。

建设场地在出云大社以东。如何继承古代风景的场所特点必然是设计立意的着力点。设计意图以北山山系为背景，在庭园博物馆构图中创造出现代与历史的重层性。

设计了像出云平原似的伸展庭园，外周被松林围绕，借助北山景观，尊重出云大社的历史，将庭园与大社境内优良的自然景观联系，形成静寂的场所。

建筑形态设计考虑将建筑也作为景观的构图要素，设计了玻璃和钢抽象建筑形态，出云古代有生产制铁踏轮的历史，因而设计了金属墙，高9米、长120米的金色钢墙向庭园的东面延伸，墙的后面波形屋面下方是展示室和收藏品库。庭的中央玻璃大厅形体从东部插入金属体。金属体表现了文物的厚重感，文物保护的闭锁性。入口大厅的透明空间又表现出对人的开放性。博物馆设计注重参观者在参观路线过程中从室内向外观看得到特殊感受的洄游式景观。参观者在参观完古代文化遗产，怀着对古文化的崇敬之情，之后，沿玻璃大厅环着庭园洄游形向上通路设计了欣赏北山的不同山景。最后显现出在远景衬托下的出云大社的屋顶。博物馆也为参观者在移动过程中提供缅怀古代及思考未来的空间的场所。

建筑功能：博物馆
建筑设计：槇综合计画事务所
所 在 地：岛根县出云市大社町
层 　 数：地上2层部分3层地下1层
结 　 构：RC　SRC
场地面积：56,492m²
首层建筑面积：9,445m²
总建筑面积：11,855m²
结构设计：花轮建筑结构设计事务所
设备设计：综合设备计画
施 　 工：大林. 中筋. 岩城. J.V.
设计期间：2002年3月-2003年10月
竣 　 工：2006年3月
设计协力：景观：STUDIO ON SITE
特殊家具：地毯：藤江和子

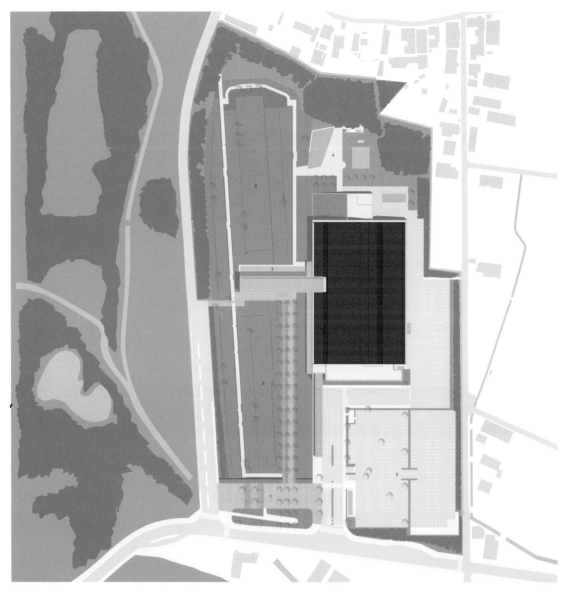

总图

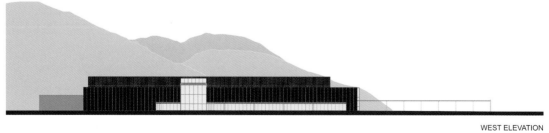

WEST ELEVATION

0 5 10 25

西立面

外景　图片来源：北岛俊治

展厅内部

图片来源：北岛俊治

图片来源：北岛俊治

休息厅　图片来源：北岛俊治

21. 三原市文化中心
Mihara Performing Arts Center

广岛县三原市 2007

　　三原市文化中心建在离三原市中心不远的宫浦公园一角。宫浦公园是市民经常利用做运动，儿童游戏场等的小城市公园。三原市文化中心是改建项目。原址曾建有旧文化中心和武道馆。

　　在这样环境中设计文化艺术中心，我首先想到的是公园中的展示馆形象。三原市是人口仅10万人的城市，但文化中心设有1200席，三原市每年不可能有很多大规模的文化演出活动。但是作为市民用排练练习室等的舞台是会经常用的。因而设计避免采用雄伟的大观众席方式，而是设计成有常人尺度的市民可随意利用为休憩展示等开展各种活动的场所及设有咖啡厅等。为大型重要活动时的需要也设计有专用中庭。

　　1200席的演出厅屋顶采用可动式音响反射板等，是音乐和演剧都能适应的多功能厅。观众席由一层席和围着的二层席组合而成，与舞台构成整体感。大观众厅墙面用白桦木和石灰岩板为基调。顶棚采用白色三角形扩声反射板，使室内感到很轻盈。

建筑功能：剧场
建筑设计：槙综合计画事务所
所 在 地：广岛县三原市宫浦
层　　数：地上 2 层地下 1 层
结　　构：SRC RC S
场地面积：39,534m²
首层建筑面积：4,054m²
总建筑面积：7,422mm²
结构设计：花轮建筑结构设计事务所
设备设计：森村设计
施　　工：熊谷. Seim. 山阳. J.V.
设计期间：2004 年 4 月 –2005 年 9 月
竣　　工：2007 年 10 月
设计协力：音响：永田音响设计
　　　　　舞台：Theater Workshop
　　　　　景观：Studio on Site

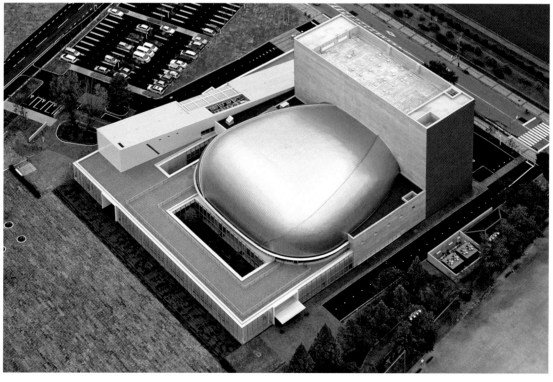

鸟瞰

主景　图片来源：北岛俊治

文化中心演出厅　图片来源：北岛俊治

22．东京电机大学千住校区
Tokyo Denki University
东京 2012

东京电机大学的东京千住校园是东京电机大学为庆祝校创立100周年在北千住东口车站建的称为下世纪新型新校区。建成后的校园不仅达到校方的期待，而且校园成为北千住车站东口的地区中心。校园总体绿地丰富，对外开放，建成了大学和地域交流连接的开放空间，环绕着校园低层部广场。不仅起到校内人员的集聚作用，而且有犹南意大利中世纪都市广场的公共空间，具有车站前广场功能。

建筑外立面表现了都市的多彩性。中高层部采用印刷的Ceramic陶材与普通玻璃为基调，低层部以木材金属土构成的近人部分材质。导入了先进技术，实现中高层部东西面玻璃幕墙外表负荷的减轻。是大学中初次采用空气调节窗之一。

在确保结构的安全性方面，对海洋型巨大地震、首都圈直下地震和暴风灾害均有对策。高60米的一号馆采用免震结构，作为校园和地域的防灾据点。高45米的2号馆及4号馆采用耐震结构加制震的制震结构。1号馆导入地震观测系统。

其他设备节能方面均采取了先进技术。

建筑功能：大学
建筑设计：槇综合计画事务所
所 在 地：东京都足立区千住旭町
层　　数：1号馆地上14层地下1层
　　　　　2号馆地上10层地下1层
　　　　　3号馆地上5层
　　　　　4号馆地上10层
结　　构：RC SRC S
场地面积：19,961m²
首层建筑面积：11,136m²
总建筑面积：72,758m²
结构设计：日建设计
设备设计：日建设计
施　　工：1号馆、3号馆：大林
　　　　　2号馆、4号馆：鹿岛
设计期间：2008年10月 – 2010年1月
竣　　工：2012年4月
设计协力：景观：Studio on Site
　　　　　照明：SLDA
　　　　　音响：永田音响设计

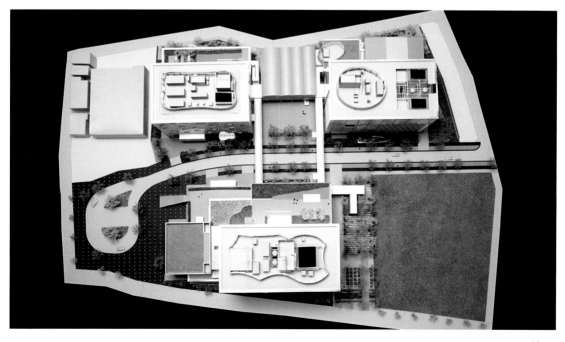

总图

街立面　图片来源：北岛俊治

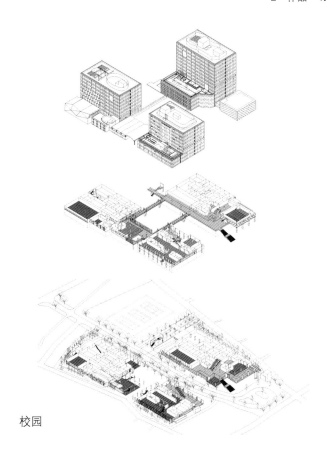

校园

讲堂室内　图片来源：北岛俊治

23. 美国芳草地艺术中心
Center For The Arts Yerba Buena Gardens
美国旧金山 1993

YBG艺术中心建在美国旧金山城市中心商业街南侧的大规模开发商业文化地区，与相邻的剧场共同组成地域的文化中心。艺术中心以开展旧金山的民族和文化多样活动为目标。建成后与其他媒体共同进行各种艺术领域活动已引人注目，成为观众和艺术家交换信息的场所。同时成为海岸区居住的200名艺术家俱乐部集聚之处。由于在艺术中心的活动已为近年来艺术理论多样化的促成而有建树，因此这在美国全国都很有名。

建筑位于mission大街和Thiro大街交叉点，面向中央庭园入口位置。要求满足视觉艺术和演出艺术两方面要求，建筑设计了相互关联又各自独立的功能。设三个展示画廊和放映室、演剧和演奏会、讲演会等多种活动的场所。展示室也附属放送及为多种活动功能所用。尺度很大，建筑室内空间连续以满足人们在各种空间自由移动室内各个部分采光方式的和空间处理特征各有不同。

设计概念之一是将周围的公共空间与艺术中心室内空间连续，沿Mission大街和Yerbabuena花园建筑设计为二层。以吹拔的入口厅与步行通路联系。为了表现旧金山是港口的场所特性，建筑概念之二定位为喻意在草地上停泊的船的形象体形。

设计强调水平方向处理，造成低的轮廓感，利用有光影的材料在加州很强阳之光照射之下表现轻快性动态性。

展厅　图片来源：Paul Peck

建筑功能：展示场多功能厅
建筑设计：槙综合计画事务所
所 在 地：701 Mission Street San Francisco, California, U.S.A.
层　　数：地上 2 层塔屋 1 层
结　　构：S
场地面积：4,994m²
首层建筑面积：3,456m²
总建筑面积：5,338m²
结构设计：Structural Design Engineers
设备设计：SJ Engineers/FW Associates
施　　工：住友建设〔美国〕
设计期间：1988 年 6 月 – 1990 年 12 月
竣　　工：1993 年 10 月
共同设计者：Architect of Record：Robinson Mills ＋ Williams

总体外观 图片来源：Paul Peck

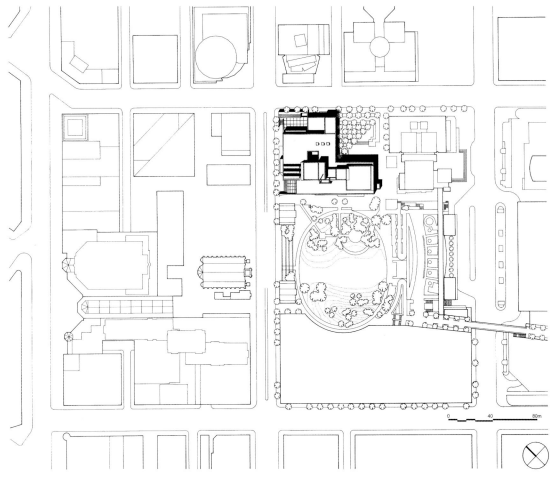

总图

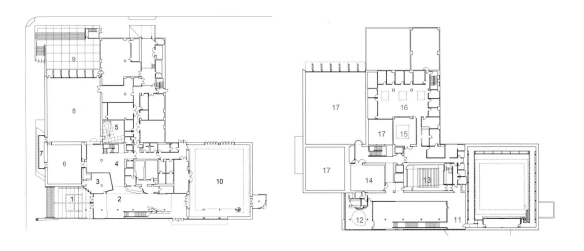

一层平面

大堂　图片来源：Paul Peck

24. 德国慕尼黑伊萨办公园区

Izar Buro park Hallbergmoos Lande

Skreis Freising Germany 1995

　　伊萨办公园区位于近慕尼黑新国际机场附近的办公复合体区。开发者要求设计成地区开发模式样板。1989年槇方案当选。方案特点是总体规划将周围环境自然景观作为设计要素吸取，活用保存，使办公区采用的新技术和保有的田园风光共存，创出引人的职场环境。

　　场地周围有着典型的德国田园风景，伊萨河在森林中流过，中小村落散在。受周边农耕地的细长形状诱发，设计总图中设计成抽象条状铺石木板和植栽组合的室外景观模式。场地中央布置的枫林也是当地人们传统的做法。

　　场地共有11栋办公楼（9栋500平方米的展销楼和5000平方米办公楼2栋）。

　　由低层低密度组合成丰富的总体规划。为租用者提供了多种可选择的室内外空间。

　　两栋大的办公楼设有中庭围合式平面。一栋方形、一栋圆形的大屋面及屋顶花园被称为第二天空。

　　浮着的空中庭园在自然景观中很有戏剧效果，建筑内部采用辐射冷房体系。

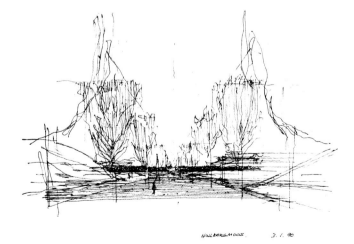

草图

建筑功能：办公
建筑设计：槇综合计画事务所
所 在 地：Hallbergmoos,Lande-skreis Freising, Germany
层　　数：地上4层塔屋1层地下1层
结构规模：RC S
场地面积：38,274m²
首层建筑面积：14,357m²
总建筑面积：68,366m²
结构设计：Schmidt-Stump & Fruhauf
设备设计：Enargie System Planing
施　　工：Philipp Holzmann-Held & Francks Bau AG
设计期间：1990年1月 – 1995年5月
竣　　工：1995年5月
设计协力：Architect of Record：Schmidt-Schicketanz und Partner
景观：三谷 彻＋Cordes & Partnar
照明：Ing.Buro Barth ＋ Hildebrand

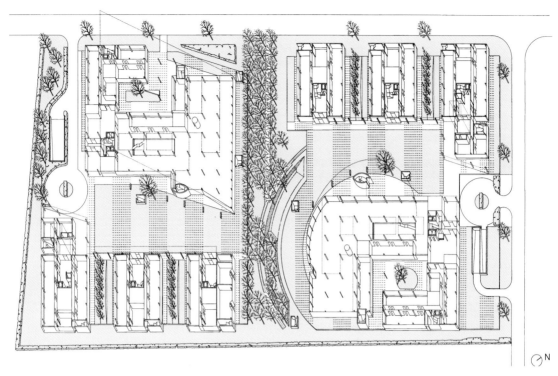

1层平面　图片来源：新建筑

室外庭院　图片来源：新建筑

共享大厅　图片来源：新建筑

25. 荷兰浮游剧场
Floating Pavilion

Groningen, Netherlands 1996

　　位于荷兰西部Groningen城，1994年末为市立美术馆开放举办Superandpopular祝祭活动，计划建数个博览建筑，浮游剧场是其中之一。受Groningen市的委托由槇设计剧场，剧场建筑是为举行各种实验戏剧创作活动的多目的功能需要。槇将剧场设计成船体剧场，靠机械牵引移动。

　　在设计前曾与前卫舞台演出家Doravander Groen讨论过立意问题，讨论中认识到在确定形态前应先确定建筑空间和演剧空间双方应共有的关键词，建筑要体现的关键词是：静寂、运动、记忆、梦、惊奇、自由、未来、透明性。从而导出了双重螺旋的构造体和透明的帐篷屋顶形态。祝祭活动时作演出用，平日可由市中心牵引移至运河作为儿童集会、咖啡厅等用。

　　浮游剧场底盘6米×25米，钢筋混凝土制。上部为轻钢结构，半透明的帆，室内设更衣、公演、仓库等。

　　浮游剧场犹如白鸟似地穿竣于浓绿岸线及水面中，在祝祭黄昏时分，帆转换成赤色，为城市增添了美好的活力。

浮游剧场周边环境

建筑功能：多功能
建筑设计：槇综合计画事务所
所 在 地：Groningen, Netherlands
层　　数：1层
结　　构：帆 S 船 RC
首层建筑面积：150m²
总建筑面积：150m²
结构设计：SDG 结构设计集团
施　　工：船 Wilma Bouw 钢架 Volker Stevin Materiel
设计期间：1993 年 12 月 – 1996 年 6 月
竣　　工：1996 年 8 月
设计协力：共同基本构想：Dora van Der Groen
企划监理：Department of City planning and Economic Affairs, Groningen

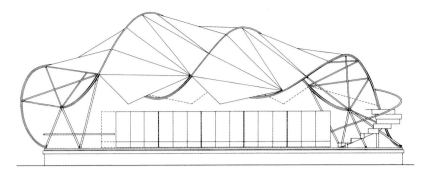

层顶立面

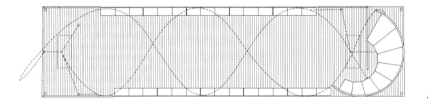

层顶平面

26. MIT 多媒体艺术科学中心
The MIT Media Lab Complex
Cambridge, Massachusetts. 1998–2010

　　麻省理工学院MIT新媒体研究所在建筑都市学科中，设有认知科学、教育学、音乐、图形设计、录像、激光、计算机人间机械等研究部门，在1980年建筑类研究和机械类研究分离之后，在本媒体研究中心由企业和大学协力合作，制定研究方针，为自由开发各类最尖端的研究项目，因而研究所经常有新的研究开拓成果发布会。领悟到这种研究方针，感到建筑内需要设扩大研究活动交流及常常向研究投资后援者汇报研究成果的空间，1985年贝聿铭设计的研究所在东侧，1998年受托由槙事务所设计面积15000平方米的新媒体研究所。

　　为适应这样的要求，我们的提案是在与已建建筑节点处设计共享空间为核心的空间的构成提案，共享空间贯穿建筑六层，主要动线空间均与其联系，并作为成果展示集会场所。一般外来者也有机会能在这里了解多媒体研究所的活动和内容。中央共享空间两侧布置了460平方米至820平方米的7个研究室，空间适应性很强。其中6个研究室高两层，可适应不同设备高度要求，红蓝黄色的楼梯扶梯色彩很有雕塑感。从中央共享空间可以看到各研究室研究情况，从而达到相互启发的目的。麻省理工学院媒体研究所是非常受世界注目的地方，来自世界各地的来访者、投资支援者、企业社员等很多人访问研究所。新研究成果发布会、学习会也常常举行。为适应各种发布活动的需要，在建筑物最上层设计了1114.8平方米的大会议室与讲堂，从顶层通过查尔斯河可眺望到波士顿的景观。从波士顿向建筑眺望可看到在以砖色为背景的麻省校园背景之衬托下研究所富有的柔和表情及丰富轮廓。

建筑功能：研究所
建筑设计：槙综合计画事务所
所 在 地：Cambridge, Massachusetts. U.S.A.
层　　数：地上7层地下1层
结　　构：S
首层建筑面积：27,100 sf.
总建筑面积：163,000sf.
结构设计：SDG 结构设计集团十 Weidinger Associates Inc〔Structural Design Group〕.
设备设计：Cosentini associates
施　　工：Bond Brothers
竣　　工：2010
设计协力：leers Weinzapfel Associates.

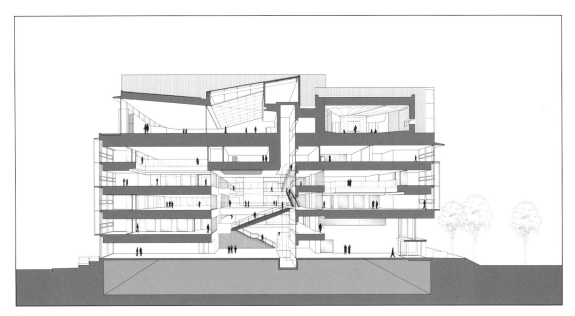

剖面

主外观 图片来源：Anton Grassl/ESTO

GROUND FLOOR PLAN

一层平面

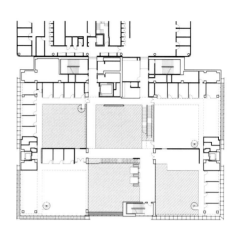

FOURTH FLOOR PLAN

四层平面

SECOND FLOOR PLAN

二层平面

FIFTH FLOOR PLAN

五层平面

THIRD FLOOR PLAN

三层平面

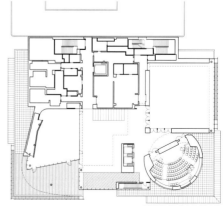

SIXTH FLOOR PLAN

六层平面

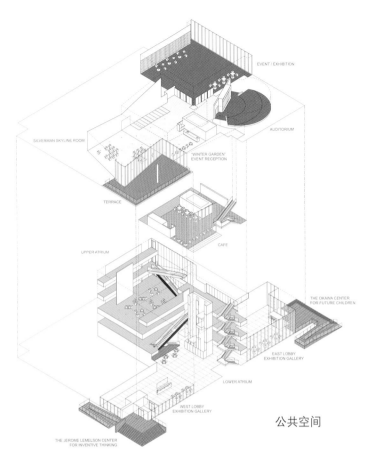

EVENT / EXHIBITION

AUDITORIUM

SILVERMAN SKYLINE ROOM

'WINTER GARDEN' EVENT RECEPTION

TERRACE

CAFE

UPPER ATRIUM

THE OKAWA CENTER FOR FUTURE CHILDREN

EAST LOBBY EXHIBITION GALLERY

LOWER ATRIUM

WEST LOBBY EXHIBITION GALLERY

THE JEROME LEMELSON CENTER FOR INVENTIVE THINKING

公共空间

实验室内部　图片来源：Anton Grassl/ESTO

公共空间　图片来源：Anton Grassl/ESTO

27．新联合国大厦
UNDC/UN Consolidation Building
New York, USA 2003—

　　2003年初，国际联合开发协会遵照国际联合和纽约市的协议，聘请普利兹克奖获奖者参加新联合国大厦的设计竞赛。新联合国大厦建设目的是将分散在纽约市的相关联合国机构统合在一幢大厦中。建设地在纽约一番街和41-42街间9500平方英尺场地上，拟建新联合国大厦。这是自1945年来由Wallace Harrison，Le Cobusier，Oscar Niemeyer等世界著名建筑大师设计的国联大厦（联合国主会场事务局图书馆栋）之后第五次扩建工程。

　　槇的方案当选。由国联委托设计。

　　新馆36层，以办公、餐厅、会议为主。底层最大限度地利用，场地设计了不同规模的会议室和开放空间。

　　高层办公部分平面延续了原联合国大厦的优雅形态，又作了U形变形，形成独有的造型。北侧设计了象征性的光庭，由光的Shaft亮度及开放度使新楼可眺望到国联本部建筑群及西部曼哈顿中城和东河。在低层部和高层部的转换层围着空中庭园设计了咖啡厅、餐厅，创出在公园中用餐的氛围。

　　建在国联本部南端的新联合国大厦白色优雅的形态，从曼哈顿向42街可明显眺望到。越过东河眺望曼哈顿时，在暗铜色、黑色、绿色等建筑群中这座白色建筑很醒目。

　　高层的凹形平面构成的两条细长体形与国联大厦共同组成出新的群体姿态。

　　LEED的设计，观念是重视环境，由持有高环保性能的立面可产生多种透明度的光的变化。刻意构成纤细的全体形象，在蓝天的背景下，LEED白色的塔反映出国联的平和静稳的信念。

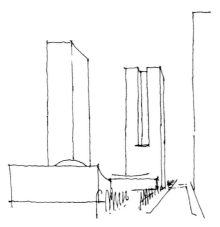

F. M　　草图

建筑功能：办公
建筑设计：槇综合计画事务所
所 在 地：New York, New York, USA
场地面积：28,850ft^2
首层建筑面积：28,850ft^2
总建筑面积：100,000ft^2
结构设计：Leslie E. Robertson Associates, PLLP
设备设计：Mechanical, Electrical: Flack ＋ Kurtz Inc.
施 　 工：Tishman /Bechtel〔Construction Manager〕
设计期间：2003-
设计协力：Architect of Record：FX Fowle Architects PC

联合国大厦与新联合大厦　图片来源：新建筑

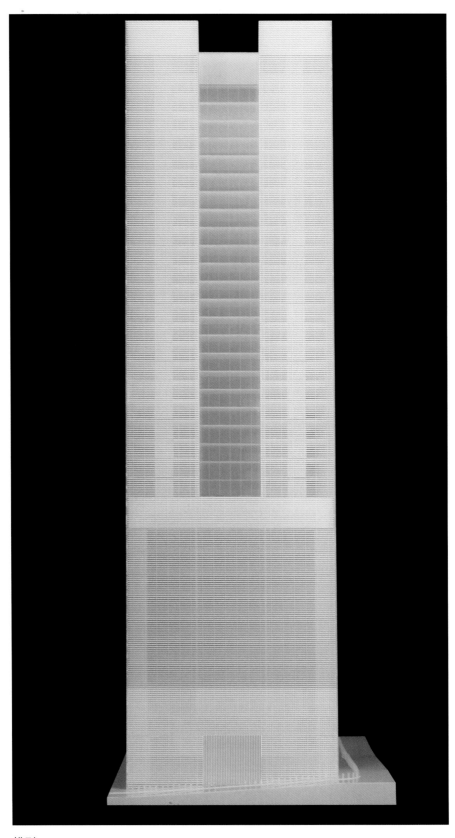

模型 图片来源：北岛俊治

新联合国大厦外景

28. 台北市主干站周边再开发
Taipel Main Station Area Redevelopment
台北 2005

　　台北市和台北市交通局计划在台北中央车站西侧建设空港高速车站，在新站上部和周边计划建办公、商业、旅游等综合设施。

　　在台北中央车站地区己建有许多历史建筑，自淡水河至华山地区是与信义副都心联系的台北市主要部分之一。

　　由于地下设铁路，地区已成为台北第二条都市轴的节点与都市交通的中心。

　　再开发地区的正北是都市轴，另一轴线从旧城引入以七星山为轴。地区有空港高速线站车站，台北中央站，三条地下铁线与公共汽车终点站联系，是台北市交通最密集繁忙的中心。

　　槇的提案设计体系是由大门式塔楼、车站共享大厅、线状公园三个立意组合而成的概念。

　　空港高速线的车站大厅共享空间从地上高速道路及街上可以眺望到。使之与台北市中央站之间产生连通感。车站大厅有明确方向性，站内设竹林、小河、快适休闲空间。

　　两栋门式塔楼成为再开发区的象征，塔楼的形态位置与两条都市轴统合。两幢以龙和凤为命题，相互关系紧密，产生形为一体的空间形态感。塔楼为台北市创造出变化的轮廓，夜幕时形成台北新的天际线。

建筑功能：车站 办公 旅馆 车站
建筑设计：槇综合计画事务所
所 在 地：Taipei, Taiwan
层　　数：C 栋 56 层　D 栋地上 76 层地下 4 层
结　　构：S　SRC
场地面积：C 栋 13,078m² D 栋 18,515m²
首层建筑面积：C 栋 8,100m² D 栋 11,400m²
总建筑面积：C 栋 207,000m² D 栋 306,000m²
　　　　　　STATION 40,000m²
结构设计：Structural Design Group.Co.Ltd ＋
　　　　　Evergrecn Consulting Engineering. Inc,
　　　　　Envision　Engineering　Consultants
设备设计：Sogo Consultants.Co.Ltd〔Basic Design〕＋ CECI
　　　　　Engineering Consultants.Inc.
设计期间：2005-2009
设计协力：Architect of Record：
　　　　　CECI Engineering Consultans. Inc. Taiwan, J. J.
　　　　　J.J.Pan and partners, Architects and Partners

交通大厅透视

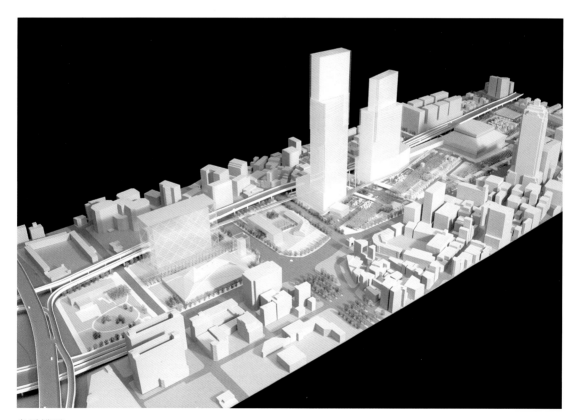

岛瞰模型

29．美国华盛顿大学山姆福克斯视觉艺术系

Sam Fox School of Design & Visual Arts, ST.Louis, Missouri 2006

圣路易斯华盛顿大学现有建筑系、艺术系、美术史考古学科、华盛华顿大学画廊艺术科、建筑图书馆等五个部分。

大学还建有毕克司比会堂（1926）、肯布斯会堂（1931）、斯坦伯格会堂（1960，由当时任大学教授的槇文彦设计）。山姆福克斯视觉艺术馆是新增建项目，以充实大学的视觉艺术和建筑而设。场地位于大学主入口处，已建有艺术博物馆和会堂两栋，原规划是华盛顿大学的传统做法。本馆与原建艺术建筑共同形成大学的文化中心。

建筑地下1层地上2层。内设画廊、多媒体中心、图书馆美术史考古学科三个部分。沿南北轴构成活动主动线。南部面向中央广场的主大厅及北部雕刻公园，地上有不同的4个画廊及地下图书馆围着动线立体构成。内设雕刻、陶艺、绘画、制本4个美术学科，由于有各种机械设施，中间采取loft形式的开放空间。东西两侧设楼电梯附属设施。

建筑设计：槇综合计画事务所
所 在 地：St.Louis, Missouri, USA
层　　数：三层
结　　构：RC S
场地面积：113,334ft²
首层建筑面积：Kemper Art Museum 32,511sf, Walker Hall 12,588ft²
总建筑面积：Kemper Art Museum 67,203sf, Walker Hall 33,538ft²
结构设计：Jacobs Facilities Inc
设备设计：Mechanical, Electrical, Plumbing; William Tao Associates
施　　工：McCarthy Construction
竣　　工：2006
设计协力：Lighing: Horton Lees Brodgen Lighing Design
Signage and Graphics: Mgmt Desigh
Landscape: Anstin Tao and Associates

室内展厅

30. 新加坡理工系专门大学
Republic Polytechnic Campus
Woodlands，Singapore 2002–2007

新加坡理工系专门学校校园规划是2002年国际竞赛槇事务所获奖项目。

校园位于新加坡北部兀兰（woodlands）。场地20公顷。建筑面积24万平方米。校园内有学生13000人，教职工4000人。学校执行的教育方针是重视学生自主学习的（Problem–Based Learning）PBL体制。设应用科学、工程信息、通信技术等专业。

规划案重视功能性、适应性并重，利用地形1/30坡度，规划了双层椭圆形广场（长240米，宽180米）为中心的紧凑布局，并与相邻公园连接，创造出公园中的校园气氛。

校园总体规划特点是场地地形东西高差16米的小山丘。在两丘之间布置学生活动中心（学习园区），取名Agora及Lawn的上下两个椭圆广场与各个学习栋连接，管理栋、体育综合设施、供能中心、住宅、保育园、卫星设施环绕周边配置。

学园区面积15.5万平方米，是复合建筑群。共建有11栋学习教室及一栋管理楼。建筑全部有廊连接。广场设计成台阶状（地面8.4米高差）。

一层设有东西南北庭院及四个方向入口。

校园内还设有剧场、音乐厅、多功能厅、体育馆等。

建成后的校园受到新加坡及大学使用者一致好评。

建筑功能：大学 图书馆 体育设施 讲堂
建筑设计：槇综合计画事务所
所 在 地：Woodlands, Singapore
层　　数：地上 11 层地下 1 层
结　　构：RC S
场地面积：210,000m²
首层建筑面积：72,409m²
总建筑面积：248,864m²
结构设计：Meinhardt〔Singapore 〕pte.Ltd,
　　　　　Hanawa Strutural Engineers
设备设计：Electrical,Lighting：Beca Carter
　　　　　Hollings & Fermer（S.E.Asia）Pte.Ltd
施　　工：中国建设（南太平洋）开发公司＋
　　　　　Taisei Corporation Joint Venture
设计期间：2002 年 9 月 –2003 年 10 月
竣　　工：2007 年 7 月

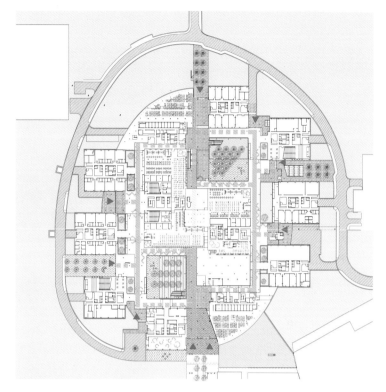

总平面

总体鸟瞰

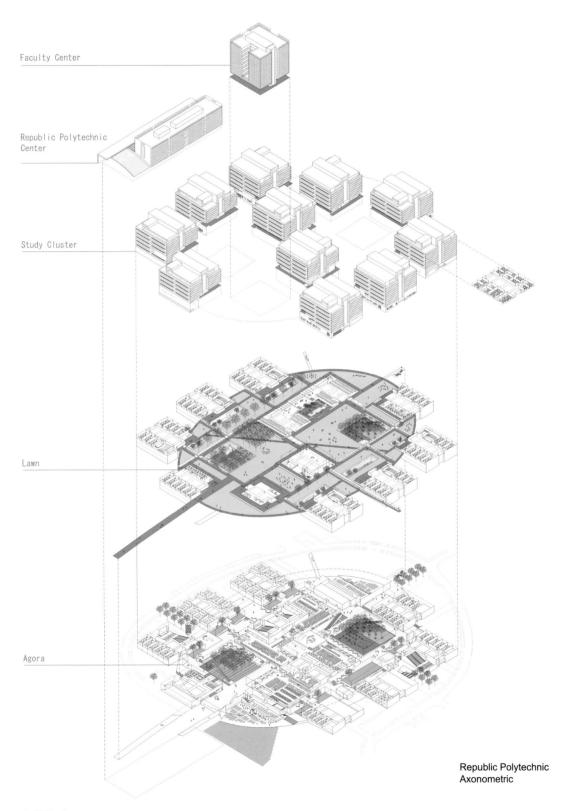

Faculty Center

Republic Polytechnic
Center

Study Cluster

Lawn

Agora

Republic Polytechnic
Axonometric

立体構成

共用学习空间

外观

校内

31. 美国宾州大学 ANNENBERG 公共政策中心

Annenberg Public PoLicy Center, University of Pennsylvania

Philadelphia，pennsylvania USA
2005-2009

美国宾州大学Annenberg 园区的公共政策中心APPC，自1994年设立以来，开展以主媒体信息公共政策为主体的研究讲演会议等活动，已成为信息发信源中心。

APPC备有会议、放送播音、多功能厅等，可作为讲演、广告发布及各种校内活动所用。

APPC周围已建建筑多为砖石等建造，APPC在建筑尺度方面和周围协调，但建筑本身用玻璃和木材创造出温暖和透明感，在旧建筑群中，突出了具有现代感的开放的建筑形象。

APPC主外立面是由铝板和玻璃造成透明效果，在外墙内侧45.7厘米处设计了可移动的玻璃和木板层，由双层处理的可变的立面体系造成了建筑有丰富的立面效果。金属和玻璃的多面体屋顶不仅产生外部象征效果，也使室内空间产生了变化。

室内三层高的共享空间，一层广场与四层休息厅相连，可与相邻建筑共同使用，也促进不同专业的交流。

建筑功能：大学 研究设施
建筑设计：槙综合计画事务所
所 在 地：PHILADELPHIA，
　　　　　PENNSYLVANIA. U.S.A.
层　　　数：地上4层地下1层
结　　　构：S
场地面积：1,860m^2
首层建筑面积：940m^2
总建筑面积：4,562m^2
结构设计：BALLINGER ENGINEERING
设备设计：BALLINGER ENGINEERING
施　　　工：HUNTER ROBERTS
　　　　　CONSTRUCTION GROUP
设计期间：2005年1月–2007年1月
竣　　　工：2009年6月
设计协力：Architect OF RECORD：
　　　　　BALLINGER
　　　　　ARCHITECTURE

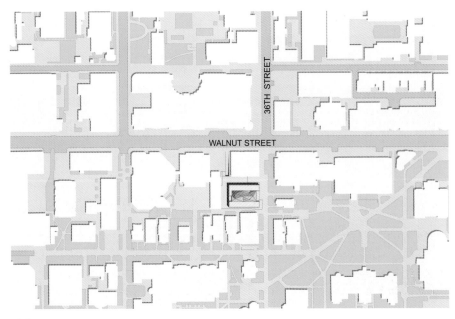

总位置图

主外景 图片来源：Jeff Totaro

一层平面

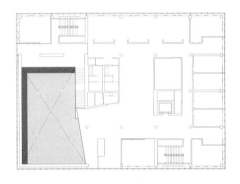

二层平面

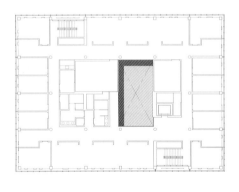

三层平面

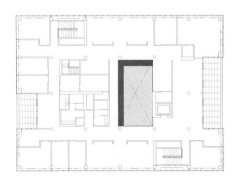

四层平面

外景　图片来源：Jeff Totaro

32. 纽约世贸中心重建 4 号塔

World Trade Center Tower 4

New York USA 2013 年 11 月已建成

美国纽约世贸中心重建4号塔WTC再开发计划总体规划是由
Daniel Libeskind所作的150GreenwichStreet，槇设计的WTC-4是
规划再建7幢楼中的4号楼。围着纪念公园的7栋楼屋顶规划为螺旋式
上升天际线状。处于天际曲线起点的WTC-4号栋高966英尺，是64
层的超高层建筑。

　WTC-4的设计概念着重两点：其一是表现纪念记忆意念，以静
谧抽象的形态体现。另一点是考虑到建筑处于曼哈顿重要再开发位
置，在步行高度为人们提供具有城市活力亲和的空间。

　从临曼哈顿46街的主入口大厅可以看到WTC-4的全貌，大厅内
对着纪念公园的内墙设计成黑色花岗石墙面，映出纪念公园的情景。
电梯厅室内设计使用玻璃和木饰纹是出于对纪念公园的行道树的联想。

　WTC-4外墙采用多层特殊树脂和双层玻璃材料，创造出有金属
光泽的外观，赋予建筑轻和纤细感。随光影变化更显示抽象形态的
美。从远处看WTC-4的锐角轮廓很好地体现了WTC的总体规划所显
示的螺旋上升感。

概念

建筑功能：办公 会议
建筑设计：槇总合计画事务所
所 在 地：New York, New York,USA
层　　数：地上 65 层 地下 4 层
结　　构：RC S
场地面积：53,8oo sf²
首层建筑面积：52,500 sf²
总建筑面积：1,900,000sf²〔办公〕
　　　　　　115,000sf²〔retail above grade〕
结构设计：Leslie E.Robertson Associates, R.L.L.P
设备设计：Mechanical,Electrical, Plumbing：Jaros
　　　　　Baum & Bolles Consulting Engineers
施　　工：Tishman Construction Corporation
竣　　工：2013
设计协力：Architect of Record：Adamson Associates
　　　　　Architects
景　　观：Peter,Walker and Partners

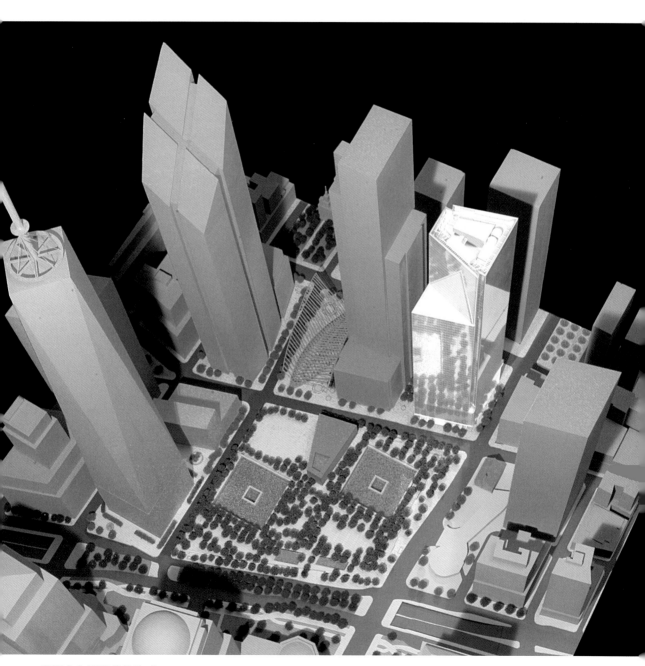

世贸中心再建总体构成

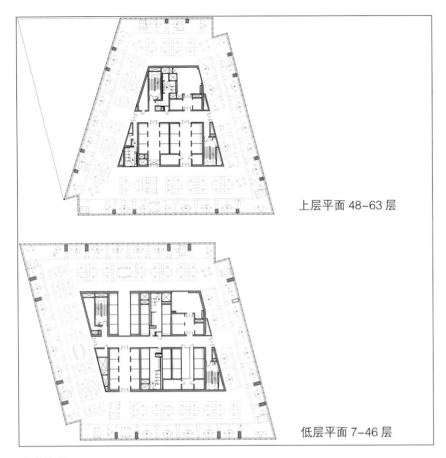

上层平面 48-63 层

低层平面 7-46 层

大堂外观

重建 4 号塔入口

重建 4 号塔立面

33. 中国深圳海上世界文化艺术中心

Shenzhen Sea World Cultural Arts Center

中国深圳蛇口 2011–

　　招商局集团有限公司是中国成立最早的公司，总部设在香港，所属三个子公司之一的招商局地产控股股份有限公司是不动产开发企业。招商局地产控股股份有限公司在深圳蛇口进行了十多年的精心开发，"海上世界"是其成功的代表作。

　　2011年末，我受招商地产董事长林少斌委托，设计蛇口集办公、居住、文化、休闲、商业为一体的"海上世界"核心项目文化艺术中心，这是我们在中国的首个项目。

　　深圳海上世界文化艺术中心建于蛇口半岛东南临深圳湾位置，文化艺术中心南面隔海相望香港岛，具有极宽阔海景视野。

　　海上世界文化艺术中心具有美术馆、博物馆、展示场、剧场、画廊、会员俱乐部，以及与文化活动有关联的商业空间。

　　文化中心是综合性文化设施，室内外均可展示的综合型美术馆集群建筑。形态构成立意是表示出文化中心南邻海、东邻公园、北邻山的优势，文化中心将山、海、公园有力的联系为一体的构想。

建筑功能：综合性美术馆集群（美术馆、
　　　　　剧场、多功能厅、商业、餐饮）
建筑设计：槇综合计画事务所
所 在 地：中国深圳蛇口
场地面积：18000m²
首层建筑面积：10800m²
总建筑面积：48000m²
地上建筑面积：28800m²
地下建筑面积：19200m²
建筑高度：24m〔四层坡顶低檐〕
层　　数：地上 4 层〔6.5m6m5m〕
　　　　　地下 1 层〔6m〕
容 积 率：1.6
停 车 位：393 位
结构体系：钢筋混凝土＋钢结构
建筑协力顾问：FUKECHENG
结构工程师：O V E　A R U P & P A R T N E R S
　　　　　　INTERNATIONAL CO, LTD
　　　　　　设 备 / 电 气 工 程 师 P. T.
　　　　　　MORIMURA&AS SOCIATES
景　　观：三谷彻
中方业主：招商局地产控股股份有限公司
业主团队：方案设计阶段
董 事 长：林少斌
副总经理：张林
海上世界项目总括：彭良万
艺术中心项目经理：张大为
艺术中心馆长助理：赵蓉
艺术中心顾问：傅克诚 罗兵
施工图协力：华阳国际
总 经 理：唐崇武
总　　工：田晓秋

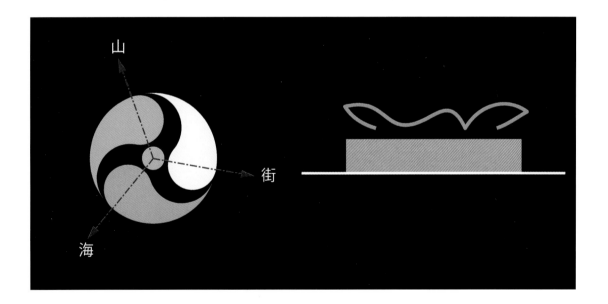

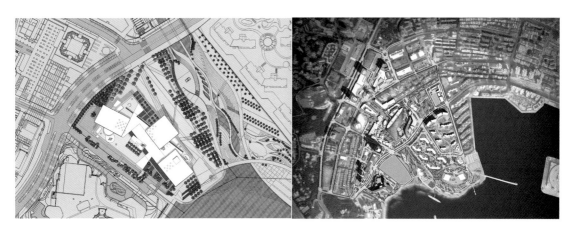

总图   总图位置

东侧外观

文化中心海景

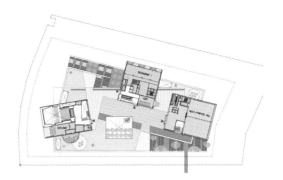

四层平面

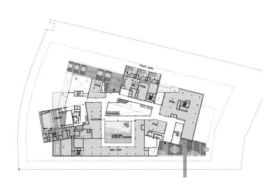

三层平面

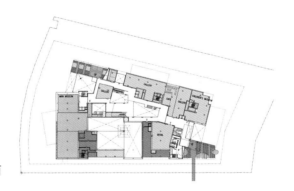

二层平面

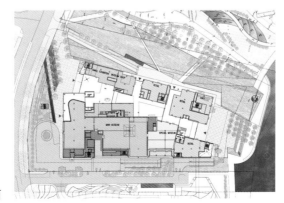

一层平面

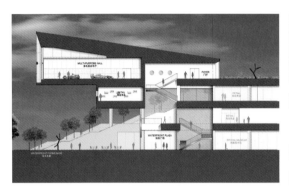

多功能厅剖面

剧场剖面

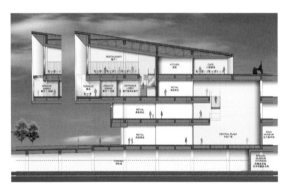

餐厅剖面

文化中心公共空间室内

多功能厅室内

剧场舞台室内

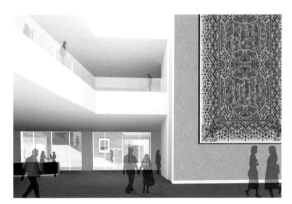

大厅室内

公共空间室内透视

附件：深圳海上世界文化艺术中心建在海上世界范围内

34. 深圳海上世界
Shenzhen See World
深圳蛇口 2015

〔深圳海上世界〕建于深圳蛇口。蛇口是深圳经济改革的发源地。蛇口规划为一轴一心三核的城市空间。一轴以南海大道为发展主轴。一心是以体育公园，四海公园为中心。三核是海上世界片区。太子湾邮轮母港片区。蛇口网谷片区为核心的三个核心区。

〔深圳海上世界〕位于蛇口半岛最南端，南临深圳湾。与香港屯门隔海相望。西北部是大南山。海上世界背山临海，地势条件极其优越。〔海上世界〕是缘自1984年邓小平为蛇口题词〔海上世界〕而命名。海上世界片区填海的45公顷。自1999年举行多次国际规划咨询经招商地产精心研究定位。充分发挥南面海北临山的地势。充分利用南近香港成熟地域资源。充分发挥蛇口亚热带绿色优惠自然资源。塑造了体现改革开放政策后适于经济高度发展需求的集地域资源景观商住休闲文化多种业态为一体的百万级新型城市综合体。是深圳西部的最高端滨海集商住文化休闲一体的复合性蛇口城市核心。

经过十数年的精心规划设计施工，2013年底招商广场，环船广场，希尔顿酒店等公共部分建成开放，文化艺术中心预计2015年建成。

海上世界规划特点：集约型城市理念理想模式的体现。实证了集约型城市理念：紧凑利用节约土地，高度发挥资源优势的理念经过精心策划可以建成公认的丰富优美复合性宜居的环境。

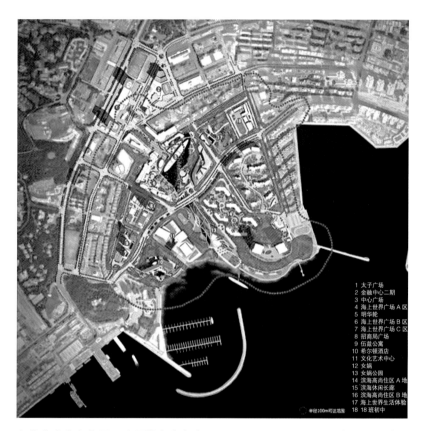

1 太子广场
2 金融中心二期
3 中心广场
4 海上世界广场 A 区
5 明华轮
6 海上世界广场 B 区
7 海上世界广场 C 区
8 招商局广场
9 伍兹公寓
10 希尔顿酒店
11 文化艺术中心
12 女娲
13 女娲公园
14 滨海高尚住区 A 地
15 滨海休闲长廊
16 滨海高尚住区 B 地
17 海上世界生活体验
18 班初中

文化艺术中心位置已选用槇文彦方案　　　　　　　　海上世界总图

招商局广场（办公楼）

希尔顿酒店

住宅区

船头船尾商业

3

论文

1. 走向都市和建筑

（东京大学退休纪念会讲演1989）

1989年2月21日槙文彦教授东京大学退休纪念会讲演，于东京大学工学部11号馆

前言

至今年三月退休为止的这10年，我担任东京大学工学部建筑计划第三讲座教授。这10年是非常长的岁月，但又觉得很短。第三讲座是20年前由当时的教授们设立的，目的是为今后从事建筑设计的学生们指导建筑和城市规划设计。担任这个讲座的前任是芦原义信教授，后由我接任。

东京大学教授们退休最终讲义内容大多是关于经历、研究成果和对将来的展望等。我认为自己比起作为学者和研究者来说更确切的是建筑家更合适。这10年在执教鞭的同时也做设计。因而今天的讲义有包含大学时代的"个人史"式的介绍之外，还有关于对都市和建筑的思考，是以实践为中心的话题。自进入大学学习以来、致力于建筑设计以来的这40年可分为三个时期。

第一时期是20世纪40–50年代中期形成时期

第一时期正值我在日本和美国以大学为中心的阶段。

第二期是1965年回到日本开设事务所，以实践为主的时期，三十至四十岁。

第三期是以东京大学为中心的50岁的这段时间。

我自己的生活舞台是从日本到美国然后又回到日本。同时周围国际形势、都市状况都处于激烈变化时期。当然会影响到我对建筑的思考。总括说来，我将介绍通过实践证实现代主义给我的具体影响，以及对今后的思考。

1. 作为建筑家的形成期： 日本 美国 欧洲

我于昭和三年（1928）生于东京，儿童时期对建筑空间的印象如日本式的薄暗团子阪菊人形迷路式的空间，作为到芝浦港欢迎国外轮船的群众，对横滨入港的外国船的体验还记忆犹新。昭和初期有机会访问土浦邸，是我与现代建筑的初会。土浦邸是日本早期现代主义代表作之一。在绿色环绕的山手线的住宅地中，白色的土浦邸和有二层吹拔的室内空间非常有趣。从东京大学建筑学科毕业的有前川国男、谷口吉郎、横山不学等，在当时是非常新进的建筑家们。众所周知前川国男先生毕业的第二天就经西伯利亚、欧洲到巴黎从师于柯布西耶。

我进入东京大学是昭和24年（1949），设计计划是以岸田日出刀先生为首的丹下健三、

土浦邸内部

吉武泰水共同的导师。制图作业为日本和西方有名的建筑，其中有柯布西耶设计的巴黎大学城中的瑞士馆，当时由丹下健三先生指导。透视图的视点自选，我选了从教室侧面角度，当时丹下先生建议从宿舍对面画较好。后来从柯布西耶的幻灯片看也是这个角度。丹下健三代表作之一是广岛和平纪念公园的中心，在丹下研究室时经常看到用朴木制作的模型。当时丹下与东京工大的清家清、早稻田大学的吉阪隆正已形成日本建筑界新进的教授建筑家核心。丹下研究室备受研究生们的欢迎，至今我还留有学校生动的设计活动印象。20世纪50年代日本还属战后时期，国外的建筑书籍新闻很少，从而我决定去美国留学。

最早在美国的一年是在Detroit近郊的匡溪艺术学院度过。

Cranbrook Academy of Art

这所学院是由美国有名的新闻大王布斯的财团出资资助，是当时在美国有名的艺术学校，校园是建筑家埃罗·沙里宁的作品，校园内还有著名雕刻家米勒的雕刻。学校除美术、工艺、设计之外，还设有的建筑研究生课程，研究生课程以参加竞赛自由研究为主。在图书馆内有埃罗·沙里宁（Eero Saarinen）写的《都市》一书。这是我与欧洲都市的初会。一

年中感受到斯堪的纳维亚的物质环境、美国美术学院的自由气氛，然后我去哈佛。

1954年时的美国与战后的日本、欧洲不同，繁华绝顶，人们很安稳，建筑有很强的产业背景，犹如各种各样的现代建筑的实验场。我进入了具有欧洲移民风采的新英格兰风的波士顿，沿着查尔斯河剑桥式的哈佛大学，进入由格罗皮乌斯为首、年轻建筑家集聚的设计学部。当时继任者是Jesep Lluis Sert，约瑟夫·路易斯·塞特正好与前川国男先生同时从师于柯布西耶，30年代末赴美前曾担任国际CIAM议长。他提倡基于人文主义的城市主义及欧洲式的教养等都对我很有启发。由他组成的教授组或聘请的客座讲师大多是故乡在欧洲，气氛活跃。如雕刻家拉姆对高层建筑的电梯非人性化攻击。从意大利招来的艾斯特担任一学期教学，他倡导建筑家除活跃于衣食住之外，还应是一言家。他与英国建筑家里乍得·罗杰斯的叔父，当时担任米兰的BBPR设计事务所主席。50年代后半期，他掀起国际争论而出名，这个作品至今还是后现代的代表。至今还记得他带领学生去纽约的意大利餐厅。

在塞特的招待会上，与有名的斯坦因巴庭见面，听了《空间、时间、建筑》作者的讲演。

塞特　　　米罗基金会美术馆（塞特设计）　　　美国驻巴格达大使馆（塞特设计）

塞特不仅是建筑家和工程师，对艺术、美术多领域都有很大兴趣。比起难度很高的理论来说，他认为通过自身经验基于理性和感性所设计出建筑是最重要的。欧洲的、地中海的还有柯布西耶式的城市主义中，其中既有耶鲁的或宾州大学的路易斯·肯，均有极不同的建筑观。至今可看清当时处于现代主义的胎动时期。塞特的生活信念基础是实践，与30年代土浦龟城先生同辈建筑家的生活样式有些相同，也许这就是近代建筑始源的精神。

经过一年研究生院的充实生活后，我搬到纽约，50年代曼哈顿弥漫着19世纪的影像。我最初半年在SOM工作，其后被塞特邀到他在纽约的事务所。塞特当时在设计他在美国最重要的项目：巴格达的美国大使馆。他夫人也在工作，在时报广场附近一处旧楼内设工作室。在曼哈顿工作室充满家庭气氛，彻夜工作时窗外伴随着邻近旅馆宴会的热闹和音乐的噪声，清晨5时走出办公室，看到时报广场满处飘着报纸和纸屑。巴格达大使馆场地纵深，面河建大使公邸、官员邸及办公栋。

面河的大使公邸所用的面砖类型，对于干噪天气给予了湿润感，这是塞特的设计风格。

塞特在美国的代表作之一是哈佛大学的为已婚者设计的出租住宅。我从先生处学到塞特的人类尺度的建筑原则。这是柯布西耶的学生们包括塞特都受到的设计原则影响，我们通过设计也感受到。也许塞特是地中海的人，因而是非常合理主义者。不像柯布西耶有那么奔放的作风。

后来我到华盛顿大学教学，两年后得到格雷厄姆财团基金。自1959年开始参观研究，同行的有印度建筑家多西，设计endless house有名的克斯拉还有活跃的西班牙雕刻家奇里达，其他还有画家共10人。财团要求两周一次在芝加哥开研讨会，其他时间自由学术活动。我想尽量了解世界，从日本到东南亚、印度、中近东，从北到南横跨欧洲。对古代建筑及当时新的问题作充分的了解考虑，比如访问了希腊的Hydra街区。这是我第一次到地中海见到集落，对我很有启示。作为生活体的都市，不能说是严密的都市，使我感受到集合体神秘的兴奋（Excitement）。印度的5月很炎热，1960年访问了昌迪加尔的柯布西耶作品，由于我对柯布西耶的建筑非常有兴趣，参观后对他的作品的理解更加深入。

这两年的调查得到了很宝贵的体会。参观调查的各种经验对今后的创作很重要。

此时的日本，以前川、丹下为首，出现新陈代谢派建筑家们。与我同年代的建筑家开始活跃，日本开始走向外向。

Team X 小组会

斯坦伯格会堂

新宿副中心规划 1960 大高正人　槇文彦

名古屋大学纪念讲堂

　　1960年我与不少日本建筑家联系，如神谷宏治，继承丹下研后任的大谷先生（当时实际负责丹下事务所）。由神谷介绍我与当时的新陈代谢派的大高正人、菊竹清训、黑川纪章开始接触。1960年的世界设计会议，是日本首次招待国外的著名建筑家、城市规划、国际设计、视觉艺术家等有纪念意义的大会，由丹下研出身的浅田孝担任事务局长。对我来说是参观日本古代及现代建筑与会议代表及年轻人交谈的难得机会。

　　我对大高正人谈起"群造型"，这是根据希腊岛得到的启示，并作了提案。大高对于新宿副都心大型的综合设施作了提案，我作了办公与文化设施的提案。

　　60年会议时，路易斯·康、鲁道夫、雅马萨奇也来参加。

　　参会者还有的欧洲10人小组（Team X），是CIAM第二代，他们每年组织欧洲非正式会议。有一张珍贵的照片有史密森夫妇等还有我，荷兰、意大利、瑞典建筑家们组合。设计柏林自由大学者也到会，会议成果出版《Team X Primer》。

　　我在日本最早的作品是名古屋大学丰田讲堂，1961年完成。之后设计华盛顿大学的斯坦因博格会堂，这也是很偶然的事。我曾做过华盛顿大学的总图，曾提出新的美术中心和图书

馆复合建筑提案，被斯坦因伯格知道，由他投资建造讲堂。这个设计被路易斯·康称："It s a good building for your age."

　　名古屋大学丰田讲堂得到日本建筑学会奖。斯坦因伯格讲堂1961年登载于《Architectural Foram》美国杂志，我被选为近十年的优秀年青建筑家。之后我发表《The Investigation in Collective Form》小论文，论述建筑集合体三原则，基本骨架是论述建筑集合的原则，一是由独立的单体，由各种形体组织而成。丹下先生设计的巨大结构体可以向二次或三次发展形成重层金字塔构成。另一种是各个建筑独立，如古集落，后形成全体，可给人有不同的感受。当时我关注研究城市问题中建筑间相互关系，研究集合体关系。观察到在密度很高的城市中，建筑间存在的缝隙空间值得关注，也许可看为共享空间。在设计千里新城时将这一概念引入，结果犹如生物体式的模式构成。

　　对于我自己，在设计时尽可能收集、观察多种因素，选出最佳提案要素，因而这些研究是必要的。

　　其后从华盛顿转到哈佛大学，发表了对以研究生们和波士顿为中心，如移动交通体系提案（The Movement System）登在《THE CITY》杂志。认为以各种独立交通体系形成几

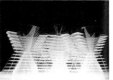

高密度空间 2　　　　高密度空间模型

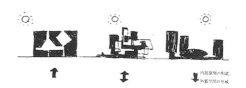

内部空间和外部空间相关模型

个连接点为中心，可形成各种伸缩式形态，构成为更大的都市体系，又如都市犹如点和线的关系，线的领域延伸将构成另一领域。这种反复的构成是形成都市结构的前提。在美国所有交通手段中车及停车场占有很大位置，波士顿市中心是小的老式新英格兰风格的街区形态，交通很堵塞，我的提案是在城市周边设环状高速道路及停车场，人们通过乘公交、地铁、出租车进入市中心，这种以交通网为中心的都市开发是都市再构成的战略。

从美国回到日本，组成槇综合计画事务所。看到当时城市规划相互补全式的网络模式化，很像我在美国研究的模型，将沿高速道路设置的以几个停车广场为中心的车站作为中心开发办公区等，可插入不同设施，使我想到"城市大厅"这一概念，就如我对波士顿市中心提案的考虑。

2.　在日本的建筑活动

通过设计项目的实践。

1965年开设事务所，最早的项目是立正大学的熊谷校园。方案沿轴线，犹如车站式的联系规划学生使用空间，广场等很有古典构成感，这是作为城市体系设计。当时用造价不高的混凝土材现浇而成建筑群，广场采用面砖。

当时事务所总共10人。

其后设计代官山的集合住居。1967年开始第一期、第二期、第三期建造连续直至现在的第六期，犹如画卷，每期是建立在前期规划经验之上。之后在丹麦大使馆停车场下设计了会堂，后各种参加者按不同情况条件参与，像重奏一样，经过了十年、二十年时间，代官山更显得成熟有生活气息，已融入城市，展现了新的空间形态。

1969年时，应联合国之托，与菊竹清训、黑川纪章一起参加秘鲁利马低费用经济住宅竞赛，5年后得以实现。美国、英国、瑞士建筑家们也参加了竞赛，住宅要求需与有10个孩子的大家族对应，一层是条状面中庭是厨房，夹着两个房间，二层是细长的分成几个的孩子卧室，建成后看过照片。

岩崎美术馆也是多期设计。我第一期主题是"别墅"，第三期主题是"藏"，两期中间夹着二期，时隔7年，建筑形成了集合体。

庆应义塾建筑群也设计了10年，在三田校园新的为纪念庆应大学125周年的图书馆，旧馆是曾根达弥设计的。曾根是工部大学校"东京大学"第一期毕业生。当时毕业仅有4人，还有辰野金吾、片山东熊。旧馆是纪念庆应50周年而建。

后来我设计了庆应义塾研究生院栋，在藤泽校园。委托我设计的综合政策学部、环境信息学部两个中心，今年4月开工。校园有集落

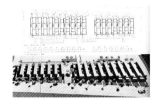

秘鲁利马低造价住宅

秘鲁利马低造价住宅

式气氛，立正大学是不同的集合体，中心部布置以图书馆、计算机为中心的信息中心，各种设施环绕。校园内共有28000棵树，成为各建筑的设计条件。我设计时不仅考虑为集合体，还加入"人在场所的创作活力"，即人们进入建筑群，会参加到场所感中，因而建筑绝对是永远变化场所感的，没有完结，永远在继续，我想这就是建筑的原点之一。

当时还设计了一些小学校。加藤学园是其中之一，是为孩子们创造"馆"，这里在三岛市可看见富士山，是日本较早的开放式学校。一层为孩子们设计了多功能空间，周围设置小空间，二层是四班级一组的自由分割共享空间。屋顶的运动场有船的感觉。《SD》杂志文章题为《情景》，登载的照片场面情景正是我要表现的设计概念。对于都市来说，无疑有各种变量：用途、人口密度、交通网等，但对于城市来说也有构想因素，都市在追求定量、定性的过程中，建筑对都市有重要影响，这是我反复考虑的问题。

3. 回到东京大学
关于大都市的思考

1970年至1978年得到TORAY科学振兴财团研究资金资助，开始研究东京、东京的城市结构特征、现代表层之下的与历史关系、与日本自然生活等相关TOPOS场所的日本都市结构的特征。

将美国、欧洲、日本同尺度的地图比较，日本特征明显，例如：欧洲都市形成之后，有如罗马式的城市。其中明确的建筑和之间的广场、道路存在着"图和地"的关系，同时，公共空间介入，比如说教堂内部谁都可以进入，这种欧洲传统的街区，和"地"无关系，建筑纪念性是很少的，建筑是都市的一部分。

美国的城市，正如意大利建筑史家玛希弗勒多·塔弗里所说，曼哈顿的图最初是在平原上绘抽象的道路形态，将建筑加在街区而形成都市模型。东京有各种图形，如等高线、水面山地很柔软的条件，很易做出柔性的都市结构，关于这些研究汇总在我著的《隐藏的都市》一书中。更仔细地说明，在我们急速地丧失历史的痕迹之前，我认为认真领会江户时期与现在都市结构中有什么关联要素，从而引入到现在都市的设计中很重要。江户的都心部是の字形城市结构，因而街道是放射线的，街区显示出格子状的构成形态，山手线式的形态很自然，总体构成了优美的田园都市。从宽文时代地图可看清，这些分析对我们的槙研究有很大的启示。去年解析现代都市时，提出"线分都市"概念，至今古典的都市、理想的都市

东京形态展览

构成多为沿直线的轴，有清楚的领域，以闭锁曲线方式终止。近代都市规划和理论也基于此。但是从现实看来，例如新宿有很多有特征的线，如塀、铁道网、高速道路、崖等，各种要素称之为"线分"，由其集合，由线分限定成不同的风景群，成为最可能分析城市、定量解析都市的要素，是都市规划的战略。例如波士顿开放式的规划也是由其连锁性强调加算式都市，我设计的代官山集合住宅以及其他项目的经验，都接触到这些问题，希望年轻的同仁继续研究。

其次，都市的形态表现是凝缩的、象征性的。前年，在美国的The walker艺术中心的展示会，我们展示了东京"TOKYO FORM and SPIRIT"模型。将东京显示成一座塔，东京可柔软对应各种变化，但不是一个中心，而是多中心、多焦点的都市，在其焦点的奥，既没有标志物也没有建筑物，而是存在着"奥"的某种空间。这在日本都市中有各种表现，我们的展览将"奥"象征化表现在一个塔中，被称为首都生活机器。将都市体现在一座塔中，既有过去的幻影又表现了现在甚至未来，其永远性都同时存在于一座象征的塔中，或称为祭祀的塔。模型由槇研和其他研究室共同制作。

这10年来还有我一直关心的一个题目：现代都市的公共空间，公共性的表现可能。古代欧洲街区是二元论的都市结构，一个教堂或作为公共性建筑提示建筑具有表征性，我称之为集合体网络式展开的建筑。由两者构成了古代欧洲都市。其中公共性有何意味？历史家斯比罗在《建筑家——职能的历史》一书中写道：即使普通的人到来，在短时间会有精神高扬感，在这场所均造成这种感觉，可称之为公共空间。日本的情况，也许是寺庙境内的名所，或道端，但日本没有如欧洲那样冻结固定的公共空间。

但是现代都市不可否认必须与外来文化有共同语言，以投资为主体的公共性与民间没有太大关系。我们应负有责任，使都市更加丰富。

这时设计的藤泽体育馆，屋顶就是象征的要素。公共性不仅表现在外形，内部空间也应唤起地方性的意识。但是现代都市不仅需要纪念性热闹集会所，称为个性"孤独性"公共空间也是很重要的要素。如在雅加答不仅有几千几百人集会，也有仅仅一个人的祈祷所，也是公共空间，创造这种现代空间也是一个题目。

螺旋（SPIRAL）这个项目，是商业性建筑，临青山大街有着城市的临场感的公共性，在底层设计中引入，不远的TEPIA信息产业纪念馆项目，由于其高科技复合性，在一二层沿着道路，公共性也是设计主题之一。SPIRAL有两个场景，一是在中央的咖啡厅及环绕的展

爱宕山附近的石阶

线分城市

示空间，常常感觉到青山大街的情景融入地域的公共空间，走向通廊时在二三层时必然要坐到椅子上向外看，这也许是构成城市中存在的"孤独性"个性的公共空间。同时城市中需要安静沉默的场所，SPIRAL五层餐厅外的平台表现出这种意境。

京都近代美术馆项目，京都是条坊制的街区，建筑位于冈山公园的一角，表现出别种文脉的公共性，其表层设计采用三段构成的古典手法，但在转角部避开古典模式，设计了透明的塔。

南大沢多摩新城都营住宅团地项目，由70-80住宅单元构成的中层公屋，在夹缝处作了考虑。广场端部布置高层，表现与中层相同的二重性。有意识的按构想形成的场所很重要，以后听到这个团地与多摩其他的很不同的反映。

受到新德里古天文馆遗迹的强烈几何形体的启发，在东京体育馆的大比赛馆、游泳馆和小比赛馆中作了尝试，以金字塔在独立的人工场地上连接，设计出具有强烈印象的形态，给予总图新的能量。

幕张国际展览中心是具有城市尺度的展览中心，最初考虑520米跨度的轮廓，结果屋顶犹如巨大的山背景，在周围设计了各种形态集合成整体。我认为巨大建筑也不应中性化，也应表现人性化，这是我设计幕张国际展览的主题。

介绍一下槙研的工作，去年在维也纳竞赛的提案，是艺术中心的复合体，中心玻璃的城市大厅从两侧回廊可看到各种活动。在十九、二十世纪的美术馆概念建造的建筑群中插入我们的提案，这是另一个探索。另一项应邀竞赛是比利时布鲁塞尔有名的老街，外港塞浦路斯的富埃利港口，尝试设计成集合的星座，由直交坐标的形态集合而成。

自最初土浦邸至今我已接触现代主义50年以上，其间日本和世界在相同的现代主义流之中，出现不少地域或时代的言论，强调传统的和后现代对现代主义的教条化猛烈批判。

自20世纪60年代初，面临复杂局面，如越南战争等，世界范围巨型都市群使建筑做法有所改变，可以说这对建筑来说是激动的半个世纪，同时感到作为主流的现代主义会长期存在。自十九、二十世纪初产生的现代主义具有很大的包容多变性，具有可变容、变革体系的特征。如过去100年间，现代主义随着技术、都市、生活、环境与功能等的变化，从本质来说不是依存于过去的样式形态，但可以看出现代主义存在着、隐藏着的体制体系。

但是现代主义本质由于是隐藏着的，现代主义发展给予功能的变利性，给予了我们视觉的冲击。但是在旧有城市中，各种地域风土地区式的建筑（所见到的形态形成秩序）的都市中用新

Sprial

语言手段成果还不算成功。当然城市的失败不能全归结于建筑，但是现代主义必须为人们给予都市全体精神上的充足感，这是不争的事实。

如前所述，我对集合体的兴趣，随着时间变化的环境，情景的构想化，尝试在都市中的建筑中创造公共空间，这些都是我的设计概念。1965-1980年初时，将这概念引入到建筑单体设计中。近年来将新技术、物质材料等引入形态很有兴趣。今后发生什么还难以预测，但无疑我将在现代主义主流中继续。

4. 面向将来：三个视点

关于将来的话题我以生活为轴视点向年轻的建筑家讲我的观点。

一是技术和手工艺。我们要以某种手段建造建筑物，其中主要通过材料，古代有权力的人要求建造纪念性建筑，如埃及金字塔，用石建造，做工很细，具有这种技术的人可称为建筑家。我想木的文化也相同，现在我们是工业化社会，生活在以工业制品为中心的物质环境体系中，当然也用木和石材，但是又用钢和混凝土来建造建筑和都市。今后工业化更加发展，会要求新的形态体系。在工业化的时代建筑设计应注意避免中性化、平均化，设计时要有独到之处非常重要。称为手工艺，这不仅是工艺品手法，而是要有热情的在工业品中创造，很难，但具有挑战意义。在美国、欧洲，手工艺已消失，在日本有优惠条件，既有高水平的工业的制品又有统合能力，具有好的工匠职人的技术体系，日本人保留着想造优质制品的热情，日本建成成品的现实证实这一事实。建筑家更应有责任创造优秀建筑。我们已进入先进社会、体系时代，关注人性化设计是将来重要的问题。

第二个问题是讲关于交叉状况中的建筑设计，我自己年轻时到外国取得不少经验，交叉是二元或三元文化的交流，例如很多年轻的外国人来到东京大学，很快就学会了日语与我们交流，很多外国建筑家也来到日本，将来可能有不少与外国人共同协力的设计。不同文化的引入导致迎来对文化的再定义、再检讨的时代。我们自身具有的场所性在交叉多文化的概念中，受到新的冲击，要求再定义。仅有300年历史的美国，作出了美国式的成果，美国和欧洲会影响日本，日本优秀的也会输出。我看日本的都市总有些东南亚性，阵内先生研究东京认为不是欧洲风格的都市结构，因而交叉文化也是未来的课题。

最后是关于文明的兴隆期、衰退期的话题。我们现在都很忙，项目很多，很兴奋，处于兴奋期。从历史看来，建筑兴隆活跃期常发生在富有、权力集中的时代。从都市文化就可以看出，哪个都市都有伟大时代的痕迹。但伟大的时代不能永久继续，后要进入镇静期或衰退期。我们一定要为进入衰退期有充足思想准备，从历史距离的视点审视现在的设计。经过40年的城市，基础设施出现问题不能简单更换，即使美国这样的大部分都市，100年前造的桥、道路已很旧，想要更换财政也有问题。

最近日本出现以多少亿投入"头脑住宅"的建设，或建造深层大地下都市意见甚嚣尘上，我考虑这只是兴盛期的象征而已。进入镇静期后这种做法将很有疑问，让有钱人住"头脑住宅"，没有钱的人住团地边缘化，这种都市不能成立。再有仅用空调没有自然光的地下大都市，后世看来这是20世纪的废墟，像漫画似的滑稽。总之，我们的城市建设要有历史观，要为今后考虑。这个问题对我自己也包含反省的意思，希望和众位一起关注。

以上是在东京大学10年的思考和实践。谢谢给予我这一优越环境的诸位先生，并谢谢学生们。

2. 现代主义的光和影

记忆的形象

我50年前很偶然地与现代主义初会，由住在附近的建筑家村田政真带领，访问了土浦龟城自邸，白色很单纯的住宅。围绕门厅的吹拔空间、很细的钢扶手，使我感觉在白色空间上浮着的玻璃和钢的物质性。1930年东京还是绿树很多，住宅多为木造，办公、店铺、百货店、剧院多是以涂料外装，大的建筑用石材拟古典西洋风的建筑，因而对土浦邸印象很深。之后访问过谷口吉郎早期设计的田园调布佐佐木邸、日比谷的日东邸、西村伊作邸等，这些都可以说是我与现代建筑的初会。年少时由父亲带领参观横滨入港的外国轮船，从其水平重层的甲板群和垂直的支柱构图、圆窗卧室及内部各种设施的物质感受到现代建筑美感。多年后，访问巴黎比埃露、夏洛的建筑时，冬天的柔光透过大面积的玻璃墙。在阿姆斯特丹郊外参观圆筒状楼梯间的细钢管扶手，使我又回想起早期的印象。

包括我在内的建筑家均以现代义为设计原点，但是20世纪70年代出现"现代主义已经死亡"的论点，当然，生硬的教条的现代主义表现机构中性化、空间均质化。

与古代都市和集落比，现代都市出现混乱无秩序现象。但是看起来无秩序的现代都市东京，却显现出了新的感性。

建筑家富永让在《都市的事实》论文中将现代人工创造的巨大集合体及其万花筒的现象定义为"第二的自然"，提出"关键是要从现代都市给予人类更加丰富的角度看，从人的感觉观察来看"。持有这种观点的人不仅是建筑家，如川本三郎等评论家也认为都市呈现了活泼性。

我们的现代都市不仅是工业化产物，也反映了历史时间性，发出新的信息，具有"新的——未来性"，也有"怀念——过去"的媒介性。即使是同样的工业化社会也存在着不同的地域文化，欧洲型的工业化仅是世界一部分，工业化成熟的程度、地域文化的存在和其强弱都使工业化社会呈现不同样相。现代主义的国际式产生于20世纪30年代，当时世界很多地方还没有工业化，因其赋有魅力，传至世界形成了国际式。走向工业化、现代化各国道路不相同，如日本的急速工业化成长，背后固有传统影子存在，日本呈现与欧美不同的工业化都市道路。

所谓建筑的地域性，不仅是古典主义的一个模式，还有各种因素，国际式是在各种感性土壤中产生都市建筑。过去的时代样式是安定的（型），国际式是不安定的、变化着的，存在于过去性和未来性交错之中，但是的确存在于如富永让文章叙述的《都市的事实》中，纽约曼哈顿东河河岸边有大片混凝土构筑物，年

土浦邸内部

久青苔覆盖，与公宇群体反映初期工业化的表情，犹如沉默的近代史。

日本的国际与美国全然不同，坐车从羽田沿湾岸道路向千叶成田方向走时，看到左手是填海地上建的工厂群，和与高层住宅等形成的国际式毫无表情的轮廓，电线杆、街道广告板等也显现多年使用的痕迹。在日本城市中，国际式选用的主要材料是混凝土、金属、不锈钢，由这些产品参加到历来人工造的建筑群中形成新的感性，导致东京的街区比起古典模式来说更加柔软、杂乱、轻、有流动感。

在不久前我从新宿超高层建筑群边界观看新宿高层建筑群，仰视着高层，走在绿树繁茂的人行道上，觉得这里既不是纽约也不是休斯敦，也不像东京的丸之内，给予了我新的都市感。新宿的都市事实超出了旧的"图和地"关系明确的都市界限，其中感受到日本都市形成的特性。欧洲的城市必有中心及边缘，由于固定的都市模式化因而建筑做法也被制定，公共建筑常有表征性。日本的建筑没有表征性（representational），可以说是地域性的产物。

包含新宿，战后形成的东京街区等都市的部分具有挑战性，虽然还处于片断化，从感性知觉来看出现了新秩序，是旧规范模式所不能理解的。这种都市具有独立的自立的机械invisible robot，在自立的机械invisible robot统辖领域边增殖同时创造内在秩序。

每个提案者、建筑家或投资家们，不过是在robot体系中工作而已。这个看不见的invisible robot或可据称之为"神"，静静地但又着实地进行都市建设，使20世纪初先驱者们梦想的机械时代新秩序乌托邦崩坏，还使进步主义者支持的巨构化的力量急速丧失。

其中几台或几十台自立机械登场，也许成为新都市秩序的主力。考察江户—东京的历史这种观点不是无稽之谈，过去浮世绘的绘画中看到将江户—东京表现为闭锁式浮岛，有着暧昧的境界领域感。否定中心—周缘的客体化，拒绝表征和地域二项表层构成，对于工业化都市社会要求新的秩序体系，不追随欧洲型都市形成理念，浮岛型或利用残余方式是否更有活力的手法。特别是日本这样狭隘的或强化形成外部空间的都市社会，以"间"或"奥"为理念传统与知觉和技法的文明，对空间比量块更重视，比起强调轴线，更重视不均衡秩序。

工业化的今日都市，不否定古典的存在，但是也不否认允许现代主义的介入。或如大野秀敏所述：无中心周缘有指向性的社会，以现代观点来看，有许多可创造的场所，比起传统来更有发展。

从这一观点来看，建筑出现新的创作平台，第一是建筑不仅是单体而且是以集合体参

藤沢体育馆

加到都市构成中，不能否认现代主义强调现实实证性，在发展过程中出现了各种主义，如表现主义的建筑、经验主义的建筑、装饰建筑等，从国际样式中突出。但实证是从过去样式的规范中解放，过于以技术为基础的进步主义，从道德价值来看，当主张开始从内在开始瓦解。《规则·现实主义·历史》一书中指出：本来建筑包含现实性及表现性两面，也应把表现性作为建筑实际必要性。如解决实际功能不太考虑表现性，结果促进空间的均质化、表层的中性化。

作为发信机的建筑的自律性（单体或限定集团）不仅具有表层传达概念的功能，也包括在都市的总体构图中塑造"自己的都市"作用。

在工业化都市中引入感性，在过去的都市中有静的秩序或内向的秩序感，正在一个个建筑内形成。

建筑不仅有外向发信的作用，也有由内在秩序所形成的画廊、通廊、巨大的空间，或存在情景向内部空间展开，表示出人们希望"我的都市"内的秘密感愿望。现代都市具有两层秩序，一方面对新的宇宙感兴趣，另一方面也有向"巢"内、"胎"内回归的愿望。

第三是建筑的构成原理问题，在了解了建筑的自律性、表层机构和实用机构分离，新的感性所在与都市和建筑关系理解之上，再摸索各种各样层次的方法。

1970年初在《AD》杂志发表《全体与部分》，将其比喻为部分和全体的秩序犹如钟，其不安定的部分的均衡犹如云，钟和云两个概念各有不同领域。建筑是时代的产物、时代的感性或表现，与时间同进化或被舍象，最后总结出构成原理。"全体与部分"也在反复尝试，与古典主义比较也会有相对来说较严密的构成原理。

建筑形态既存在锐的部分，也存在柔性云式形体，从原广司"多层结构"尝试、伊东丰雄的作品、长谷川逸子"眉山厅"，都显示云的存在。

藤沢市体育馆1984年完成，一年后青山大街的Sprial建成开放，1986年京都国立近代美术馆新馆完成。

藤沢体育馆的屋顶形态和Sprial的立面构成不同，但有些共同点。利用不锈钢及铝材为主要材料，特别注重表现材料特性而不仅追求图像。藤沢由曲面很大的两个曲面体持有不同的轮廓，不同角度和距离产生不同变化，很有活力。作为新建筑（2001年的样式），审查员阿尔特·罗西来日对此很感兴趣。

要表现0.4毫米薄钢板的材料能量及锐感，在切断处的处理，金属面利用光的折射，与混凝土的对接等都要设计……强调大体育馆的浮游性，支撑屋面的钢结构与观众席混凝土的连

Sprial

接节点做了特殊设计。从下向上看犹如蜻蜓的薄翼似的透明、轻，有飞翔感。金属屋顶上即使很小的对象也很醒目，避雷针的设计也很留意，呈现出宇宙飞船感。在现代，建筑如不注重细部会产生中性化。藤泽的龙骨从侧面看很像中世纪骑士的甲胄，也暗示UFO宇宙飞船幻想性。不锈钢屋顶在天空背景映出时，犹如日食时看太阳的极光感觉，完全忽视物质的存在。

Sprial的立面材料是用厚5毫米的铝合金，设计了各种各样断面，圆弧状白色的柱，八九层自由形态，圆锥，与透明和不透明的玻璃构成复杂的图像。立面艺术处理有几个要素，东北角上的方洞画框是强调面对青山大街的重要性，立面全统一在1.4米见方的格子中，铝板和若干虚空的开放正方形中与隐藏的白柱组合，造成有秩序而又有浮游性。宫胁爱子创作的不锈钢线形雕刻设计在三层的框内平台。螺旋性是一大特征，从立面下方向上诸要素就如螺旋上升，以避雷针完结。以复数等比级数间隔设计的窗框形成运动感。

Sprial另一特征是塔。藤泽体育馆和Sprial共同之处不仅在其表层构成，还表现在其内部的复合空间群设计。Sprial内部空间展示各种空间的关键词外，将空间分节，并用了近代以来的各种空间手法，还特别表现城市的公共性。一层后方的共享大厅高17米半圆形，用螺旋状坡道内接，共享空间材料选用外装材。

藤泽用不连续的空间手法设计，以各种图形材科分节并置，强调空间"场"的力量。

3. 读都市

记忆的形象

对都市的"型"的理解看起来很单纯，但回答起来并不简单。例如要了解都市的历史、社会组织、经济机构及其背后的重要原则，在其基础之上才能理解"型"的现象及其相互关系。

都市的"型"需要对全体把握，再细致分析部分，通过地图、照片、古代画卷、浮世绘分析，但还是不充分。分析日本的都市，平安时代的京都、战国时代产生的城下町或江户的町人町的街区，分析生活形态等资料整理，但从全体来看还是很片断的。

都市的形态需要全面的理解，18世纪诺利所绘罗马地图以"图和地"表现，用黑白色不仅将街区形态清楚表现，也表现出教堂一带的公共领域和私有领域。

20世纪50年代，美国都市学者凯文·林奇（Kevin Lych）用观象法分析了都市形态要素，提出边缘（edge）、区（district）、道（path）、标识（landmark）四大要素。这对世界范围分析各城市文化的差别有着划时代的贡献。之后还有各种分析理解都市型的方法提案，各种方法对都市社会存在的文化概念导致"都市型的差异"理解还不充分。

特别是对日本城市这样与欧洲城市不同的形态（用诺利"图和地"表现有很多缝隙），日本都市"型"的产生还要深层分析，接近理解都市形态的手法是分析表层后的深层结构。

都市深层结构

其深层结构与都市的地域社会原则相关，需要探索形态和空间关系，发掘都市"型"与文化的关联。

即使格子状城市模式，用直交轴区划都市领域，反映不考虑周边情况，是抽象的表现，但不同社会意义不同。希腊格子式反映希腊在都市国家面的市民平等意识；曼哈顿的格子规划显现建筑的独立自由，可比喻为在纽约的繁华地区一匹匹的"摩天楼"整然排于槛内。

但是同样的格子在欧洲，新英格兰九个初期格子围着中心广场，则记录饲养家畜的集落形成状态。

在日本京都、奈良等，除继承中国城市形态外，以江户为首在城下町也有格子化模式街区，意图是表现相同社会地位的集团住居领域的原则，如旗本屋敷群、纲组屋敷群或町人町。日本的格子形态相同，但纵横尺寸不同，是表现身份的象征，而且格子的方向规模随着自然地形景观而自由变化……因而将格子形态出处归纳后，显然与地域等集团的见解相关，其深处是由城市概念所致，都市形态结构背后隐藏着的。

最早的格子状都市规划图

这正好很像建筑设计过程中最初的立意与建成的结果变化相似。

都市深层隐藏的结构，很难变化。很多情况下，表层很激烈变貌，但深层结构在抵抗变化，是都市形态背后比较安定的因素。

自然的形式化

日本的都市特征中卓越的是将自然形式化，自然积极创造为形式的过程，独成概念体系。

自然的形式化，自古以来已在文化中呈现，日本都市化形成中形式化的自然，就如街区表层的植物在从建筑至都市构成都是重要的参与者，如格子状的日本特性极洗练，是永远安定的模式，非常独特。

日本都市中，自然占有极重要作用，而且恒常存在。任何社会称为地域的建筑样态，由旧有的传承下来的原则，因袭、变形、整理，受很多因素左右，在形态背后隐藏着。而在日本由形式化的自然构成规划的原则占很大比重。

町家、武家屋敷、农家等过去木结构建筑"家相"思想存在，中国称家相为风水。自古以来以家相考虑建筑与地形的关系，过去是定坟墓的位置方位，一般建筑物也考虑家相。风水思想传到日本的宫廷建筑，又传至民间，直至江户时期，现在发现其很多原则具有合理的部分。

在建造时基本原则，如适合气候风土等自然环境等，家相学原则适合现代都市计划要求。从日本都市的地相、形象，包括町的比例，各功能的配置，均符合家相。在实测江户城东本愿寺浜离宫的配置特征中都可证明在都市创造中自然相有重要作用，可以说将家对自然、都市对自然、实际与自然等考虑成为自然的媒介。

家相选址认为住在山谷出口为凶，因而江户台地很多的寺大名屋敷多建于台地之上，而町人町等下层武士居所多在谷间。日本，特别是太平洋地域，夏天高温、多湿、风多，江户初期武家屋敷南北细长，形状很多。

古代尊重气候风土，祖先对微地形潜在的力场以土地灵的形式，强调微地形潜力存在感。

江户初期都市计划表现出按照社会等级规划的常限定在一定范围，作为全体来说，重视自然平衡感是日本町的独特都市结构。

日本都市结构从精神层面来说有二重构造：全体性表现在重视大自然，还存在着小空间（独立的宇宙）。

日本人的自然观通过形态形式化。日本的文化是从照叶树林覆盖的山中悟出奥性，将到达奥的通路仪式化，产生鸟居。

日本支道式"到达的路"

象征奥而创造床之间。

"街区的表层"是自然的一种境界领域，将自然形式化后成为美的对象，形成了文化的一部分。

道路和街区

通过"奥"的存在可理解日本道路、街区的规划特性。

道路的作用无疑是联系，分割，到达。

日本的道路名称常表现与地形相关，如土地、自然起伏、形状：地名如尾根道、谷道……坂等强调同周边领域场所的关系。沿连通路形成集落住居领域群，从内部通路渐渐发展为集落增殖式街区，道路除联系作用之外，在日本还代表到达。城市中发现到达的"随所"都是仪式性很强的处所。

到达目的的道路是很窄的空间，如路地、武家等到达道路再细分，划分形式多种多样；更窄的路或小的公共空间（道路空间）也有京都院式住宅的廊式联系方法。

支道式到达路自由地伸向内部形成领域，是很暧昧，多具有周缘性，很像神经末端，显示日本独特的领域性，至今还可从门牌地图中了解这一特性。

图和地

以罗马地图分析，地的部分以白色表示是广场、街路，这些公共领域，住居则表现出多层性。19世纪的欧洲都市街区在连通住居内侧也有广场，虽然公共领域和私有领域可分清，但外部空间有的通廊等正如教堂内部的内部空间化了的外部空间。作为图和地的关系的建筑物立面，一方面作为图，表现一个个建筑物的独立性，但也作为地，成为外部空间的连续，门、墙、广场、道、廊、集落住居决定了都市领域。

美国的市街地视觉领域结构，MIT Press Stanford Anderson所著《关于街路》将巴黎和美国马萨诸塞州比较后指出其不相同。美国的住宅密度低，在道路和建筑外墙间一般没有公共领域广场似的空间。

日本的街区表层和领域关系不明确，与欧美不同，很多情况建筑外轮廓由于有小路或院垣栅，视觉感与道路空间形成一体，将院内绿化组织成为道路空间，因而用"地与图"来解析日本的都市不够全面。

缝隙

日本的都市空间中存在缝隙，日本人领域中中缝隙赋予全体积极的作用。缝隙犹如铺地石块之间的缝。其产生背景是江户初期，是从中心中核发展成，由阵取扩展，与地形起伏山有关的白黑缝隙的场的感觉很暧昧、柔性。日本的境界重层而多元，道路沿着武敷町的塀内侧，树木向外伸，内外形成一体，反映出二重性。日本的境界线不是实线而是虚线，左右内外混在化，区分不明确。日本家屋的隔断、屋檐、障子等具有与环境内外共有的重合性。

当时日本的生活还很贫困，也没有基础设施，但缝隙使都市景观充实，不仅细致、亲切、有人的尺度感，而且由缝隙和奥创造出空间的紧张感。以图和地区分的话存在着似白非白的部分。

多焦点的都市

19世纪初江户已达100万人，当时是世界最大的城市，当时伦敦约86万人、巴黎25万人、维也纳25万人、柏林18万人。

但比起欧洲城市有大量的公共空间，日本却很少，江户城著名的是一些社寺，均位于深奥之处。

市民的公共生活限于小集团范围，活动与自然或季节相关，如集会、花见、潮干狩等。当时江户可比喻为巨大村落的集合体。社会缺少中心性，导致都市结构形体也缺乏中心性，但由各种场所来补足。如地名以坂、辻、原等，显现市民利用微地形来从意识上补充缺乏中心的现实，形成了江户——多焦点的城市。

从江户发展到现在的东京，城市已激烈变貌，但是还是存在着断续与大规模中心建设相异的各种小空间，栖息着柔软积极的因素，这是历史的遗留，对地域社会有发现新原则的作用，也将是我们研究明日都市的课题。

4. 城市设计的手法和思想

记忆的形象

城市设计的本质（记忆的形象）

在同心圆式城市空间构成中，显示城市的中心焦点有决定作用。原始社会以酋长等为中心的同心圆形构图，表示社会地位。中世纪欧洲街区以寺院和王侯为中心，日本城以武家为中心等。以权力为中心的城市构成其本质不变。但限于自然条件有时除同心圆结构之外也有在丘上、端部设置中心，通过轴大道表示权力的构图。

中世纪以后城市巨大化，焦点分化，数目增加。焦点意识直延至19世纪美国的都市运动，欧洲很多城市作为焦点建筑的前面是广场和公园，很有纪念感。这些以焦点和轴发展的城市，后来其焦点由权力中心移到商业中心，但由于位置重要，在城市中仍具有城市中心的意义。

城市中常以记号强调焦点轴的存在。

格子型城市空间构图在公元前5世纪希腊出现，反映社会的平等性。京都继承了中国传统，也有格子式街区。1800年纽约规划认为格子式效率高、经济，格子型城市空间构成成为资本主义社会成熟期的都市形成象征。

都市的形成

都市形成于焦点与中心，主要部分还表现在大量的由"粒子"样的百姓家屋构成。但是都市史中对这部分粒子资料很少，对大部分市民的街区形态、形成及其法律、空间型的社会经济意义等研究不足，这是现代都市设计手法的基本命题。

"粒子"用语是1949年介绍凯文·林奇（Kevin Lynch）的都市形态三要素提出的（焦点focal point、道path、粒子grain）。

这些粒子住居存在了几百年，已形成形态法则，如用什么建材，房间的大小、数量、开间，屋顶做法及采光通风手段，积集百姓智慧。如欧洲的住宅至今仍可居住，也可经商及作为办公用，很令人惊叹。

"器"的作用

（注：建筑或都市使用的（粒子）是指在某种环境中具有共同属性的意义，是场所中细分的形式）

随着工业化城市巨型化发展，各国住居形式多样。在现代都市中进化的型与历史形成的粒子两种形式中均包含在无数中间状态建筑群都市中。

城市设计的手法和可能性

城市设计犹如人类生活的连续剧，有历史

背景。城市设计领域与文化、经济、社会条件相关，与地域环境相关，但也不应简单化理解，不应无视其复杂性。

在现代都市中以一种秩序统率全体是不可能的。从混沌状都市整理出空间秩序，可以感觉到由无数部分集合而成的某种活力，使全体有机构成，产生新的气息，成为各种社会功能集团的同一空间领域。

人对空间领域的归属感

如有所有权的住宅，也存在意识方面的所属空间，如东京山手、新宿等被称为"我家的周边"、"我们的商店街"等。具有归属感的领域是都市秩序的重要因素。由法律法规制定规范形式领域为骨架，但非正式领域增加城市复杂性，创造出都市生活安全性、可信赖性的基础，也是很重要的。

日本大城市在教育、生活目标、风俗习惯等方面很同一化。应培育历史上町内会的形式增加市民交际，丰富生活。日本都市住居、工作、游玩场所较无秩序，混乱，但这种现象也造成都市生活的亲近感。英国学者Amos Rapport在《关于近邻地区形成》论文中指出，住民比起对单调的町功能形态构成更加欢迎复杂功能构成，商店分散布局增加徒步机会使生活更为充实。国外文化人类学者阿莫斯·拉普特及社会心理学者朗·霍克斯指出，人们对视觉变化的空间有积极反应，对我们几年前对大阪近效车站周边环境意识的调查很肯定，认为作为环境因子的道路空间对提高车站周围都市性很有作用。

界隈空间

界隈空间与地域住民固定生活空间领域不同，是很特殊的领域，常存在于大都市中。人们在界隈空间集聚，常有共同目标。如东京的丸之内界隈、新宿界隈、浅草界隈等，统称为界隈空间。由于其特有气氛及对市民提供特有功能意识信息而成为都市生活中不可缺少的内容。如新宿车站周围的商业娱乐、上野的艺术文化、六本木的深夜族等，其特有功能个性很强，受商业资本支配度很强。

界隈空间由于人们的喜爱而维持发展，具有开放的空间性格。城市设计表现了以构想和自由实验作为广告的意图。

公共空间网络

美国都市规划家大卫·克拉尼在作波士顿规划时，将所有的共享空间（公共设施、公园、广场等）和由公共投资形成的设施（码头、车站、水边娱乐设施）规划为公共资本网目，组织到波士顿市总体规划的骨架中。

在现代大都市中简单地表现（全体像）不大容易，但是将几个重要节点连接，组成视觉心理的骨架，增加领域意识，将公共空间网络化，成为谁都可以享受的共享空间、都市的象征。

都市公园、绿地散步道、广场等可将都市分散的小环境单位联系，成为城市平面的重要部分。

永远矛盾的环

我15年前（1957）在美国教学，授课每天从下午一点到五点，每周5天，少时也有两天，共35周，学生有几十人。当然一半时间是教，另一半时间是座谈、讨论、指导。

在对建筑理解的基础上，以建筑家们设计时的方法和思考的领域为中心有些探讨。

对菲利浦·约翰的建筑理解是从他在现代建筑中寻找出独特的设计灵感着手。35岁做建筑家之前，他曾是建筑史家、批评家、纽约现代美术馆的建筑部长。

他常在建筑设计时明确自己的领域（就是这样），从开始他在玻璃之家到斜屋顶的美术馆

5个馆群均可说明。与其他建筑家垂直的发展过程不同，他更基于水平的领域感，具有很独特的艺术感，同时也正是美国文明发展的象征。

路易斯·康发现在古典和现代之间有他可表现的创造领域，因而赋予了他的建筑以生命。

作为20世纪70年代的特征，建筑家正在寻找现代各自的独特领域。

如友人矶崎新不仅是创造，而是用一种手法—领域设定和手法密接的做法。

这10年来我和许多建筑家都在探讨都市发展对建筑设计有什么新的可能，并预感到都市杂多的媒体可孵化出新的建筑概念。

媒体所期待的城市向超巨型结构发展，建筑也成了变形的道具，密集集合等理论也出现了。但是在都市环境中也出现由于不特定意识分析行为和空间之间存在某种关系，形成新的形式语言。

作为媒体的都市也展现了创造新建筑的可能，存在能获得魅力的领域。在都市这样巨大的"器"中住的人对整然的规划和强制生硬的空间心理不满。社会结构学有形式化和非形式化互相补充的案例，建筑的日常性和非日常性也有互补关系，如建筑可以由前卫艺术来补充不足乏味之感。

对我来说现在不处于现代的主流中，有着极不安定的浮游中的领域感。反复思考渡边武

信"暧昧领域"提示，有时很特殊的思考极有可能升华至不可思议的领域空间。要深入挖掘都市中自己可扩充的领域，在这个领域的土壤上作各种尝试。

草图.印象.未完的形象
——巨大的翼

1986年初夏与事务所的所员一起访问幕张国际展览中心建设预定场地，场地与东京湾对峙，填海地长700米、宽200米，是日本少有的宽阔场地。设计概念最初以"空"接空性表现。14万平方米巨大的建筑以大屋面覆盖。用

草图（一张画）表现出设计概念，可称为是里程碑。最初轮廓用长500米缓弓状弯曲大屋面覆盖，与古典曲面屋顶不同，设计了充满动感的屋面向天空展现，有些像飞行的鸟。

称为第二里程碑的是6月的一个晚上，两三个所员一起探讨方案，做了很简单的模型，我们称之为"白色海鼠的海边午眠"。这个概念仅用几十秒，然而后来3年用了几十万个小时完成设计。

幕张国际展览中心建成后数月，海外旅行后从成田机场坐出租车返回东京，司机说："那是展览中心。"顺着他指的方向看，屋顶浮现在日落时浓绀色的星空背景中，很像落日影像。

5. 奥的思想

忽隐忽现的都市　1980

（自隐藏的都市）1980

空间的皱褶

我在这一二年住在东京的三田街区，这里地势起伏很大。向北可眺望到河，可见到连续的小山台、三田台、高轮台，并可从这里眺望东京湾。附近还有古坟，可见过去这里有过居民，在《更科日记》中记载的龟冢古坟就在三田地区的角上，通过这个丘是老圣坂，丘的西北是镰仓街道，像夹缝似的。在德川时代东海道所形成的古代地势延至今，这里还有散点的商店街，当时沿着街道的町人町名还保留着一些。

自宽永至宽文时代由于幕府的命令展开迁移，在丘的皱褶中建的社寺大部分由武家所有，无疑是江户时代称为山手地域的典型之一，恐怕上野一带与三田接续的麻布台或者爱宕区地势也相同。

40年前我在这地区上小学，因而至今我在附近散步时常在脑海中反映出现在、过去和早期的德川时代的三重形象。

过去的武家屋敷地与寺庙的场地经过百年逐渐被分割，但还保留着沿坂的围墙及墙内侧的沧桑大树，还可感受到过去的形态。现在建成四五层的住宅建筑，侧墙和古围墙间的薄暗

的空间给人以微妙的感觉。

小山台的高度约十五六米。三田台也不过25米，但道路很窄又曲折，感觉比实际要高。而且在路端经常分成小叉，小路更窄，常出现想象不到的景观，如有的道曲折，而有的急剧沿崖下降，或有回路，或变为石阶，在不像有车有人的小路上也有着集群式小住家屋。

当然东京这几十年由于都市高层化，使这种感觉保留不多，在细道延续，突然又出现高层建筑的混凝土墙，加上汽车和工厂噪声，不会再有过去的宁静。从丘尾部向下距离也不过数百米，高低差20多米，不过相当于6层楼高，但其中存在着空间的皱褶很浓密。

调查了江户时代至今地域街路的变迁，在社寺武家屋敷形成的内部空间周围有多条断头路，这是由于场地分割化造成的分支化，从而明白至今场地形成的由来。在很多场合由地所形成的高低差决定了境界线域，从而从前面提到的空间的皱褶实际是由地形、道路、塀、树木、住宅的墙等多层包围成的多重境界领域，就如进入洋葱中的重层感，重要的是这种空间的皱褶并非仅存在于山手线。

我自己工作地在日本桥界隈，自江户时代这里已是开阔的平坦商业地带。从这里至人形町、明石町，过去部分被大火烧过，因而现在

三田小山台坂道

爱宕山附近的石阶

町区规划极为直线格子化。沿大街建有很多中高层现代大厦，但是再向街区里面走，在大厦之间还存在着细小的小路。

周边还有低层家屋，家屋间有很细小的路，有时有阳台，从薄暗的室内空间向外看很亮，感到现在还存在着日本式的空间皱褶。

与山手线比，即使自然形态不太好的下町，现在发现也存在着多样的空间，从而可以说明日本存在着表面和内部的不同现象。

外街、内街，外门、内门，在我们居住都市空间生活中和形式中有着主从的等级关系，显示出日本的特征。但对我来说还需要了解空间的本质与地域社会的集团的深层意识关系，由表与里的概念可以说明空间皱褶的重层性，在都市集落形成中必然有集团和个人意志参加在其中，与独立式住宅不同。个人意识在集团领域中实现，而地域社会长期构筑的规范是存在着的，规范时常因新的外部条件而更改变化，但很多的都市集落并不是有那么多的规范。调查其上建造的建筑具有集合的基本型不多，相对外部条件如与交通、社会制度、生活样式的变貌相比较，其影响很小。如前所述，三田高轮台当时马和人是唯一交通者而现在变为汽车、电车、地下铁等交通工具，加宽了道路和支道……

空间皱褶的重层性在我们生活的世界的各种都市中可见到，但这是日本发现的为数不少的特征之一。

之前比喻为洋葱层似的浓密的空间形成的芯使日本人常产生奥的思想，因设置"奥"的概念对即使很小的空间也有深化的可能，这在都市空间形成中是具有很安定的印象。长期通过地域社会特有的集团深层意识被记忆，并成为自我行动。奥是日本的独特的空间概念，是今后构筑都市论中理解空间观的必要点之一。

我们研究了农村至都市在日本都市空间的形成中存在着求心的奥性这个原点，后面将对求心的奥和奥性的特质与其他文化圈中存在远心的中心特质作介绍。

"奥"常以打开的形态存在，不论在东京还是关西，私营电车常在住宅的密集地中或庭院前通过，还有也常见到沿着山的皱褶展开的集落，常有我未见过的展开的奥经验的景象。相同的景象在今日在大都市中的高速道路行驶过程中也可见到，如旧金山往往有在高速道路下也可看到的散点式建筑。

"奥"的表现在《万叶伊势物语徒然草》至江户时一代歌舞伎中展现出，是日本人特有的场所性，也在我们日常的空间中存在。至今"奥"常以"奥行"出现，奥行概念意思是空间的相对距离，距离感，其结果是否可以认

芝增上寺町今昔

桂离宫平面

为，在有限的空间中对远近差相对设定的敏感的感觉在很早就萌生了？

如在对百米距离十米距离其相对的"奥"的认识，从而对其设定过程的重层化的空间皱褶，反映了日本人的空间感，从放大来看是日本人的宇宙感。

同时奥显示聚能现象的"奥深"、深远。这里的奥不仅显示空间而是表现心中的奥，因而"奥"也是心理的表现。

在日语中用奥形容的语言很多，如在空间中的表现有奥所、奥口、奥社、奥山、奥座敷，还有不大见到的奥传、奥仪，显示社会地位的奥之院、奥方、大奥等。

发现日本空间中存在着的"奥"最早评论者是佐见英治的《迷路的奥》，他对在观光地和温泉中人在其中曲折的廊子行走迷路的空间提出了"奥性"概念。

住居型中的"奥"

我们了解了自然界如山、森林的奥，还有人工的移过来的小世界式的日本庭园中的奥，都市露地的角的奥等，接着开始进行对日本历史中住居型显示奥的调查，并了解奥在住居中的位置。

日本最早出现的寝殿造的住居形式，是前后两排建筑向左右展开，由回廊连接，这还未明显显出奥的特点。

在书院造成武家敷形式后，显示出奥以极独特的形式出现。

其注目的是出入口，即玄关位置。入口设在角落，从这里设广间、对面所、主人卧室。平面以雁行状配置，含玄关，对面所称为表。寝所称中奥，属表向领域。相对其设夫人居间称御上，局，台所作为奥向领域。"奥"既不是中心也不是里面，而是以独特斜向附着形式表现。

百姓的町家与武家全不同，表里是纵向分割。表是出入口；里是奥座敷间，斜向配置。有店铺的分为表里重层性。日本农家以大黑柱为中心田字形平面，也有很明了的奥性。

与中心思想比较

欧洲古代城市，特别是不大的城市，正中布置教堂、市政行厅等最重要建筑。但日本则是将建筑融于地区中，仅在地区中表示自己的存在。教堂往往很高，而日本的街区更容易有存在感。欧洲古代都市与周边其他隔绝，有自己的领域或宇宙。与天交流的圣柱＝宇宙柱，象征他们存在在中心。伊斯兰教地上最高处是阿訇，基督教有寺院和塔在中心，显示为世界中心，极重要的是显示他

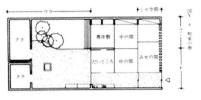

町家的奥

世界的山

街道山路的集落

神社构成

们自己。这个中心是以周边的空间均一性为前提。我不能说欧洲的空间没有奥，但导入均一空间概念，日本式的"奥"的均一概念不太存在。这是否说明"中心性"与"奥性"有不同的显现。

在山丘上建寺院和塔，表示向天的意向。这种中心思想不限于西方，在中国、南亚也普遍可看到。在日本我们的祖先同样崇拜山、神木、圣体，但走了本质不同的道路，是有很深意味的。

我们的祖先不认同山顶的绝对性，重视深山的距离感，甚至与附近的山也有关系，他们在很多场合在山与山之间盆地似的地形建都市或集落。山体作为物聚象，有似他们的守护神，不是山顶而是山奥是他们的原点。与西洋的中心思想、在山顶建寺庙都市塔的做法不同，在我国的山上建造古坟、庭园常常是无中心的，只是反映奥性，当然也有认为在照叶树林地带、树木茂盛的山上建人住集落建设很难，而在山脚有流水处更易建的说法。

以中心作为世界轴与天连接，强调垂直性，产生塔的文化。寺院的庄严性，在大伽南前伫立的人尺度很小，进入高大的穹顶室内，由上方强烈照射的光使人有无限垂直感。

去年访问意大利中部的古都山顶。越过山谷小高山顶所建教堂时正好在夕阳西下，看到教堂穹顶的辉煌金色和白墙对比，感到他们建的教堂方位很有象征性。

奥强调水平性，追求深的象征性，如象征性到极点的神社。神社没有可进入空间，屋顶的栋木表示神木。神社背后有深深的树林，深山中存在的神社正在渐渐消亡，深感世界的无情。

在日本的建筑中缺少中心性和垂直性，塔也很少见到。过去的世界文化有塔的文化和无塔文化区分，日本是属无塔文化圈。日本存在的塔是佛教文明象征，是6世纪中期从中国传来的。但据梅原猛先生访问中国时见到西安奇妙的塔，红瓦墙碧青空屹立显示中国文明，表示了中心性垂直性。但日本不同，法隆寺是由中国传来的，但塔是在金堂，回廊、树木全体在均衡中建造的，塔犹如人站立之中，这是按照日本的平衡观建造的。

"奥"也是存在于人心的原点，产生精神风土的原点，根据对象自由确定中心的，而且不必表明。

奥性最后到达极点，在山川少的场合，很多仪式过程不是很高而是水平向很深。很多寺院到达时入口道路曲折，利用的点为高差，以树木创出隐秘感。

"奥"展出时有时会虚化飞散。

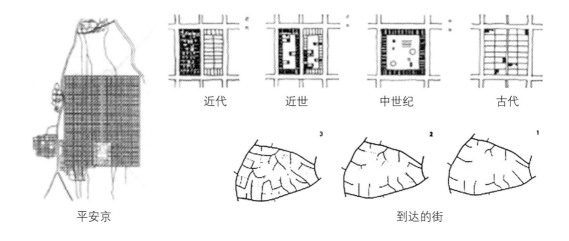

近代　近世　中世纪　古代

平安京　到达的街

我十几年前在美国圣路易斯，曾见到18世纪密西西比河流域据点很大很发达，进入20世纪成为黑人为主的住宅，被边缘化。那时的再开发项目几十项，后变为无人地，只留下教会，这使我想起日本的神社。

包摄领域的形成

在比较其包摄的场的概念及领域形成的不同后，可更加明了"奥"与"中心"的不同。

过去《外人部队》的电影中显示的沙漠地带，电影中在仅有的绿和水中生活的恋人建了现代的沙漠乐园，他们将场所圣化，根据宇宙轴设立了中心，是从混沌世界中到确定宇宙都市的原型。对沙漠民族而言，他们漂泊于沙漠。而爱琴海对于古代希腊人却充满未知和不安的危险感。

因而对于他们说来，把都市作为他们的避难所和乐园不仅存在着单中心而且需要确定明确的领域。在希腊建造都市时要进行都市境界确定的仪式。都市的轮廓，对希腊人来说具有神的意义。我们认为以"中心"为前提的都市形成文明中领域和轮廓很必要，在中心和境界为领域基盘中的都市内再细化城市领域形式。

使用合理性做成称为格子状的都市与欧洲的山丘都市很不同，前者的是利伯维尔民集合的都市国家，后者的是宗教的阶层社会的结构，但都具有中心还有境界。在无限扩充的空间中确立有限的主体作为都市的实体，而且在区划的领域中全体给予秩序，其背后还有社会政治的结构为背景。

日本的都市构筑很不相同，我们祖先在建造都市时是以土地的有限性为前提，在盆地建都市的情况很多，人为筑造境界很少。与确定"中心"不同的是，追求不定的领域为原点，形成包摄领域的原则，使被包摄的形根据对象可很柔软的自由变形。

几年前在纽约参观日本古代的包装容器道具展览会，很吃惊包装的多样性。使我联想出对于"中心—区划"来说，日本是"奥—包摄"式的日本领域构筑的特征这一概念。

从江户时代街区的构成看来确有格子状的街区，但其规划是根据地形和眺望决定的。如富士见町名的由来在格子一端轴可眺望到富士山，与相邻地的轴并不一致。日本借用从中国引入的都城形式建造都市实例不少，但经过多年已逐渐变成为日本式。如条坊制区画式的完整式的中国城郭并不存在，不设城墙。防止人自由出入的罗城门、朱雀门仅有象征功能。在格子状外侧白河宫等可任意地无中心、无重心式的建造。在京都月台沿山散点建造的社的寺离宫，对京都居民显示了奥性。由于无数的奥的存在使京都格子状的构成固有的境界融解，再有虽然格子状的街区保存了1200年，可是由于人口增加，街区向内部领域深化。这使格子状向外延部扩散，中心部消失，内部浓密化。从中可理解内外奥的存在，使京都可获得不同的都市形象，成为当初的中心存在，后来又形成多中心的范本。

比起江户在平坦地建造的条件，在自然地形变化更丰富的山手地区，包摄领域的形成在尾根道谷道显示更为明确，是从外缘向内侧有很细小的路相互交错，领域内的奥性至今还存在着。与欧洲很不相同，表明了西欧都市"中心—区划"与日本的"奥—包摄"两种文明的基本空间结构的差别。我从研究"奥"着手而感到触及了文化固有的"场"的核心概念。

对于在无限广阔的空间"沙漠荒野海"，规划以宇宙轴—中心—围廊的构成领域，对他们来说空间本来是无限的，所以要赋予领域的固定性。而日本的都市是从土地产生的，由都市、树、井构筑。对于日本人来说土地是有生命的。在其基础上的土地信仰中深深扎根着，对土地以敬畏的姿势构筑"奥"的

无中心性是本来土地所赋予的原点。日本人对拆改住宅不大在意，因为住宅不过是现世的物品。但日本人对现存的井、坟被破坏是极忌讳的，拆迁时还要举行仪式，至今仍保留着土地神。

"奥"在都市（或集落）中无数地发生。有时是公共的奥，有时又是在更私有领域中存在。都市可以被理解为包摄着无数奥的领域群。日本的都市不存在绝对的中心，而是以奥式存在各个社会等（集团中）发展，这是至少在本世纪初所保持的都市结构。

现在日本的都市在飞速向现代化高密度化发展。本论提出日本的"奥"和"奥性"并不是为推论今后如何，都市是集团记忆的场所。对都市理解不可缺的是集团深层意识的差别和文化特有的概念。

但是对于作为建筑家的我来说，对现代都市如何构筑的思考是不可避免的问题。

都市的发展或者有几个脚本，但问题是各脚本是否有现实性。如脚本之一是都市继续高密度化，使现存的自然和土地的固存的场所性渐渐丧失，"奥性"飞散，或者说使得下町山手这些地区集合体已无奥性。

还有一个脚本，即在现状或部分使"奥"再附着在其中，利用过去有的和新的空间语言技术试着使其再生。这当然还不能定论，但是

要达到这一目标无疑要寻找可能的手段。希望
空间的质量注意深层创造，这必然要关注日本
都市历史的经验。

6. 群造型和现在——其45年的轨迹

Metabolismo & Metablists

罗兵译自Metabolismo & Metablists

（编者注）新陈代谢派（Metabolism）:在日本著名建筑师丹下健三的影响下，以青年建筑师大高正人、槙文彦、菊竹清训、黑川纪章以及评论家川添登为核心，于1960年前后形成的建筑创作组织。他们强调事物的生长、变化与衰亡，极力主张采用新的技术来解决问题，反对过去那种把城市和建筑看成固定地、自然地进化的观点。认为城市和建筑不是静止的，它像生物新陈代谢那样是一个动态过程。应该在城市和建筑中引进时间的因素，明确各个要素的周期（Cycle），在周期长的因素上，装置可动的、周期短的因素。

1. 初会新陈代谢学派

我的建筑家生涯中印象最为深刻的时期从1958年夏季开始，当时正在华盛顿大学执教的我被选为位于芝加哥的雷厄姆基金（Graham Foundation）研究员，该基金会主要面向青年艺术家和建筑家，提供自由研究资金支持，在当时可称为世界上最丰厚的一份奖学金。同年推选出的10人中，最年长的一位是以"幻想机器"知名的弗雷德里克·基斯勒(Frederick Kiesler)，与我年龄相仿的建筑家有来自印度艾哈迈达巴德（AHMEDABAD）的B.V多西（Balkrishna Vithaldas Doshi）和来自西班牙的

雕刻家爱德华·奇伊达（Edurado Chlida）。之后两年时间，在着手准备在日本进行设计工作的同时，分两次对未曾到访过的东南亚、中近东、北欧和南欧进行了长期考察。

1958年10月，经东京大学丹下研究室的同窗、毕业后留任丹下工作室的神谷宏治介绍，我初会了新陈代谢学派代表人物川添登、菊竹清训、黑川纪章，以及他们的精神领袖浅田孝。回顾当时的日本建筑界业务环境尚未如今日广泛，自由奔放的言论和活动成为建筑家们关注所在。以村野藤吾、前川国男为领军人物，周边聚集着丹下健三、大江宏、吉阪隆正等新锐建筑家，类似我们这样业绩尚浅的年轻建筑师亦能跻身其中聆听新鲜的思想言论，这种环境正是60年代在日本建筑界特有精神风土下的产物。

与此同时掀起建筑电讯运动（Archigram），但与缺乏实践机会的英国不同，当时新陈代谢学派的状态更加类似今天的中国——以梦想构成建筑思想的基础。与今日的北京、上海等逐渐沦为全球资本市场和建筑家们的"割草场"（试验田）相比，面对日本经济腾飞当时的新陈代谢是经过了充分的思考的尝试。虽然新陈代谢学派们在之后的个人轨迹不尽相同，我本人以"建筑行动"的形式参与其中，但至少我们共同拥有了10年的时代精神。

群造型　新宿副都心计划

TEAM10 小组会议

1960年在东京召开世界设计会议时出版的《METABOLISM/1960——城市提案》一书，成为新陈代谢派的公约宣言（Manifesto）。其中刊登了我与大高正人的共同提案"走向群造型"，下文将介绍该提案背后我个人的思考历程。

前文所述，我早在1959、1960年分两次海外考察时印象最为深刻的是从中近东至地中海沿岸连绵的民居聚落。覆盖复杂的地形，以风干砖坯为基底，石膏粉刷墙面以及瓦屋面构成的民居，单纯的形态通过自由组合的形式创造出极具魅力的集合体。利用若干房间环绕小型庭院的形式成为集合的基本形态，这种极其单纯简洁的空间形式让我深为感动。60年代通过贝尔纳·鲁多夫斯基（Bernard Rudofsky）著作《没有建筑师的建筑》（Architecture Without Architects）本土建筑才开始受到关注，我对这种风土形式的认知远早于日本历史学家和建筑家的聚落调查研究，多年后已经上升为我解读不同地域文化的能力。

这种聚落形式所暗示的个体与群体的关系涵盖地球自然现象到人类社会中政治、经济、组织、都市、建筑等多个方面。每个要素或单元的个性及关系势必影响作为整体的城市与建筑的特征与构成。"形态可以归结为每个建筑家对于美的追求过程中自身伦理意识的存在"，这节我最欣赏的语句中体现了我自身建筑美学

逻辑的出发点。

都市与建筑探访之旅向我揭示了有机的都市最终将建立在永存的建筑单体以及该地域的自立性之上，但是伴随群体形态与整体提供支配强度增加而导致周边环境趋于复杂时，个体意志将起到主要支配作用，这种观点成为我与新陈代谢学派区别所在。

2.　集合体连锁方式

20世纪60年代初期的建筑界仍延续实践着第二次世界大战前针对现代建筑的课题，为了解答现代建筑理念有效性，新的探索也终于开始了。巨构建筑理论正是在这一背景下，建立在对技术的崇尚和依赖的基础上所进行的探索之一。1960年夏季我在法国南部参加TeamX会议时亲眼目睹了在面临如此之巨大居住需求时，崇尚人文和地域主义并否定巨构建筑理论的建筑家们的无奈。

1961年我重返华盛顿大学教坛后，整合之前思考片段完成了《集合体——三个范例》，该文之后编入《集合体的研究》一书的第一章。现在还清晰地记得那是一本先打字在油印纸上后印刷的小册子，在TeamX成员、美国建筑师、城市设计师之中得到广泛反响，沃尔特·格罗皮乌斯（Walter Gropius）、凯文·林

 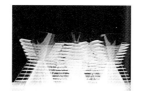 

高密度都市空间模型　　高密度都市空间模型　　组合型　　巨构型　　群造型

高密度都市空间模型平面　　立正大学平面　　1960 年东京世界建筑大会

奇（Kevin Linch）、雅克布·巴克马（Jacob B. Bakema）等纷纷来信表述自己的观点。60年代正是开始探索都市中建筑形态与关系的启蒙期，在当时通过集合体进行思考是十分崭新的思路。

在1964年出版的《集合体的研究》一书第二章收录了以连锁观点研究集合形态的随笔，其中在多个层面探讨了集合的连锁性问题。例如，构成城市基本单位的建筑物具有一定寿命，随着时间的推移老建筑与更新后新建筑间存在某种个体间有机连锁关系，自然引发出城市形态，可归纳为同时发生的无数行为总和这一观点。身处如此环境之中的建筑师、规划师在导入某种新要素时，操作过程与方式恰恰折射出他们面对城市所要表达的立场。

这种立场无论是取自城市中某个特定场所或整个社会体系，都是以自我认知为基础并反思个体进入整体方式的过程。在第一章"集合体——三个范例"中所提及的构成形式（Compositional Form）、组团形式（Group Form）、巨构形式（Mega Form）看似对立的三中形式，事实上是同一城市形态中的三种形式互不相斥，它们是个体与群体间从未中断的三重基本关系。

针对集合体和连锁方式，设计经验尚浅的我忽略了认知形态构成中空间存在的

重要性。与组团形式（Group Form）和巨构形式（Mega Form）相比，构成形式（Compositional Form）是以构成集合体基本单位的建筑单体独立性为前提，但外部空间状态以及各要素间的关系应得到更加深入的研究。随后通过Hillside Terrace、立正大学及庆应大学藤沢校区规划等设计项目的推进，外部空间形式决定集合体存在性将得到全面的实践。

意识性地诱发各建筑要素间的联系（Linkage），反而将显示建筑要素的场所与时间等独立性指标特征，这种微妙的设计手法也来自类似的设计过程。我终于认识到对立与融合的概念之中包含无数层面的联系，城市的真实面貌也正是来自于各种连锁的聚集。

3. 群造型的实践

1965年当我结束了长期海外生活，正式在东京开始建筑设计工作时，新陈代谢学派们作为青年建筑师已经开始确立在日本建筑界的地位，他们的设计活动也开始受到海外的关注。已过35岁的我虽然不甘落后，但在世界的舞台进行设计活动的强烈意识驱使下，我决定以东京为设计工作坚实起点。

借助为期10余年的日本经济腾飞，我的建

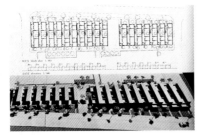

秘鲁利马低造价住宅

秘鲁利马低造价住宅

筑设计事业发展顺利，期间也得到了实践群造型理论的机会。其一就是与新陈代谢学派共同完成的唯一作品——秘鲁首都利马郊外低收入者集合住宅，另外一个就是仍在进行中的以商业文化为中心的复合居住设施Hillside Terrace代官山山坡露台复合建筑群。这两个项目不仅为我提供了探讨"个体与群体"关系的实践机会，同时也验证了新陈代谢学派所主张的"转型"（Metamorphose）理论如何影响城市及居住环境可持续发展这一课题。

（1）利马低收入者集合住宅——自建方式的尝试

1969年我和菊竹清训在利马周边荒凉的高地进行现场调研时发现，得益于利马干旱少雨的气候条件，当地居民利用风干砖坯建起主要墙体结构之后，屋顶、外墙装饰、门窗及室内隔断墙等根据工期和资金情况逐步进行补充建设。走在路边也经常可以遇到怀抱木材、芦苇的当地居民，这种方式类似于在日本建材商店采购材料后自行搭建。当时作为项目投资方的联合国以提高当地建筑抗震性能和完善基础设施建设为目标，此外还需设计师提供一套应对中南美贫困家庭人口激增现象的居住体系解决方案。

与《METABOLISM/1960——城市提案》中梦想的以现代高科技为基础植入巨型结构和要素提案不同，在这里新陈代谢学派们将面临的是如何通过传统低端技术发现与实现城市成长路径这一挑战。

菊竹清训的三阶段方法论（Ka·Kata·katachi）为我们探讨低层高密度集合住宅的发展模式提供了很大启发，实际上设计团队在前期研究过程中进行了大量方法论中"型"的探索。同一平面构成根据不同柱网构成两种基本"型"，以满足联合国提出的满足小型家庭和8个子女大家庭的居住空间的变化要求，公共私密空间互换性及外部空间易于转换为店铺等特征使该方案在20几个备选方案中脱颖而出。该方案也可以称为当代青年建筑师针对中高层住宅提供多种灵活空间应对不固定居住模式这一思路的先驱。

项目完工后，使用者们在各方面进行了超越我们想象力的改造、"转型"（Metamorphose）。大量的加改建包括增加了住宅前的花草，白色的外墙也被涂上了各自喜爱的颜色，面向道路的居住空间更改为店铺等。

（2）代官山山坡露台（Hillside Terrace）复合建筑群的案例

与利马项目不同，低层集合住宅Hillside Terrace既不具备标准"型"，项目前期也没有一个总体规划目标，所以这个案例中的"整体与个体"处于一种相对较弱的连锁关系。利用建筑单体之间的开放空间和树木等外部空间要

代官山山坡露台集合体　　　　代官山山坡露台集合体　　　　代官山山坡露台集合体

素为联系因子，个体间差异性反而构成了整体的印象，这与机械叠加设计手法形成的整体印象有很大不同。

当然我们也曾尝试发现一种基本"型"。1969年项目一期的B栋采用首层店铺加两层复式居住共三层的基本构成，当计划继续延续这一基本"型"时，出于功能调整及缺乏面对当地文脉灵活应对能力等原因被我们自身加以否定。从那一刻开始，我们更加关注建筑外立面的延续性、人性尺度的外部空间和树木的配置效果等共通的个体因子。历经25年和六期的建设，建筑单体各自的表层与构成不仅体现了各阶段设计手法的差异性，也表达着留住历史记忆的设计意图。建筑计划学教授门内辉行的论文《街景记号论研究》中以记号学的角度解析了大量日本优秀街区后提出城市中诸要素间的特性与共性同时存在的结论。组团形式（Group Form）的群造型经验正是通过Hillside Terrace增殖发展的过程得以实现，同时另一维度的"转型"（Metamorphose）也得到了验证。

25年的过程之中，店铺被多次加以改装，住民也发生很大变化，但惊人的是整体风貌并未发生变化，"转型"（Metamorphose）运用在这个复合设施中可能改称为"成熟"一词更加确切。建筑自身的老化不可避免，但是通过巧妙的维护修复和树木的缓慢生长推动"转型"（Metamorphose）不断进行，这绝对不是新陈代谢学派所设想的宏大实验，而是一项通过创造传承历史回忆的生命体来验证人类社会必然发展规律的工作。作为一个建筑家我很荣幸地看到"个体与群体"方法论通过这组历经半个世纪已逐步走向成熟的现代建筑得到了验证。

解读Hillside Terrace时需要强调该项目对周边区域的辐射作用，其一与"旧朝仓邸与庭院"相关。第二次世界大战后这片位于Hillside Terrace南侧的大规模古建筑和庭院由朝仓家族上交国家，在财务省管辖期间曾提供给"涩谷会议所"使用。两年前的平成14年（译者注：2002年），由于财政困难该用地也将公开拍卖的消息一经传出，致力于保护旧朝仓邸与庭院的有识之士们立即开展保护运动，在社会各方面的支持下"朝仓邸"的运营管理权由国家下放至地方，古建筑也被认定为历史保护建筑。在历史建筑和庭院渐渐消失的时代，这一古建筑保护的成功案例具有划时代的意义，其背后也体现出与Hillside Terrace的"型"塑造相联动的由下至上"造城运动"的重要性。之后，古建筑保护运动的活动范围扩大至旧山手大街沿线，并从城市景观的角度出发积极推动建筑限高立法工作。如果把Hillside Terrace比喻为

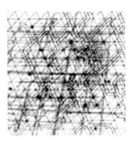

21世纪都市平面

记录昭和至平成初期东京城市记忆装置的话，"旧朝仓邸与庭院"则凝聚着大正至昭和初期东京山手地区风貌的回忆，而未来旧山手大街沿线城市景观也将寄托今日的记忆。仅仅以实践群造型理论为出发点的一个项目，不仅影响了上层次大尺度城市群体的发展方向，也验证了不同尺度下"个体与群体"关系的增幅和发展。

4. 21世纪的城市

简·雅各布（Jane Jacobs）曾在她的著作《美国大城市的死与生》中提出，导致解析城市形态与预测城市发展难度的原因之一，在于城市社会环境的构成来自具有个别意志的个体组成的群体，由群体决定个体的方式既不合理，完全不规则的个体也不会产生任何统一性。

但是当我们从历史的角度观察时，可以发现地域社会所选择的社会秩序决定了城市与建筑各种各样的空间形式，即使在变化不大、人与物移动缓慢的时代，已成为过去的空间形式仍然具备应对社会发展变化的弹性。但是在城市社会规模急速膨胀、内部流动性不断加速的时代中，正如雅克布所预测的由于具备"意志的个体"大量存在，由不同理念所驱使追求不同利益的行为将越发显著，因此不可能设定现代城市中所有空间形式的初始目的。也就是说，与建筑师或者规划师眼中的城市形象无关，空间形式所表达的意义正在向减少的方向发展。实践证明，总体规划需要具备应对多层面规划或内部构成各种变化的柔软性。

伴随现代大城市的多元化发展，每个发展集周边聚集着更小尺度并发生不断变化的极象集合，集合内部的个体并不是以浮游形式存在，而是通过IT等新型交流手段创造出的个体，不仅具有新生意志，而且正以一种不受空间限制的形式不断运动。此时此刻，如何实现不同意志个体集合所相应物理环境的战略思考已逐渐上升为解析21世纪城市形式的重要课题。

历史中社会、经济、生物等范畴中个体持续进行组合的状态表明未来个体集合化发展趋势。自古以来人类也存在创造历史记忆载体的场所这一倾向，纵观历史各个时代，山丘、天际线、森林等丰富的自然地形地势持续地影响着城市空间与秩序的形成。

与历史上的古城市相比，资本、信息和欲望成为驱动当今城市变化三大外力因素。在发表《METABOLISM/1960——城市提案》之时这种趋势初露端倪，与推动全球化的外力因素相对立，在80年代我更加关注城市的形态是固有文化产物这一事实。在《忽隐忽现的城市》（合著，鹿岛出版社，1979年）一书中，通过

新加坡国立理工大学

分析东京前身江户城市中固有空间形式和秩序，提出了固有要素在当下存在意义的问题思考。而我们今天的课题正是如何利用和统合全球化带来的同质性与地域文化产生的差异性间的平衡。当推动城市转型的动力趋于复杂时，城市空间中公共领域的形式和网络化越发重要，一个城市的质量最终将由具备多重意义的公共领域的扩张和维护而决定。

如果需要刻意概括21世纪城市特征的话，我的理解为21世纪的城市是以网络化为基础的具备多样的功能、规模和生命周期的空间群的总和。另一方面，过度流动的城市人口的欲望与城市空间这一固化容器间的矛盾和错位将不断激化。与信息和流通的世界类似，城市空间的形式中直接而强烈地映射出人类的行为和欲望，因此城市将具有抑制与解放这些欲望双重功能的空间基础，同信息、流通等城市基础设施的不同点在于，在"历史的时间"中沉淀的城市空间场所被赋予了成为城市记忆可视化装置的使命。同时城市同样具备梦想孵化器功能，集团无意识意愿将不断在城市空间中得到翻译，新的城市空间又将触发新一轮的形式变化，这一机制将在21世纪的城市中不断复制和发展。城市将不断观察多种生活群体所创造的原动力，并将信息不断输入意志决定机构，此时此刻，"规划"这一概念需要在另次元中得

到新的定义。

5. 海外项目与群造型的开展

最近设计任务重且海外项目比重快速增加，其中选取2~3个与群造型相关的案例进行介绍。

新加坡国立高等职业教育学院校园规划

本项目为2002年国际竞赛中标方案，项目选址在新加坡兀兰（Woodlands），用地规模约20公顷，教育形式拟采用荷兰式开放教学。类似于建筑设计中工作室实习，小规模进行课题教学，由辅导教师指导在专用教室进行，也可以在图书馆实验室等进行自主活动。因此可容纳13000学生灵活教学的教学中心（pod）既要具备极高灵活度又要满足一年中日夜教育中心场所的要求。

在11个这样的教学中心（pod）群的下方是长边246米、短边186米的巨大椭圆状被称为集会广场（agora）的公共空间。其中以图书馆和试验设施为中心，复数咖啡厅、集中讲堂、娱乐设施等环绕周边。校园占地较大，为了在热带气候条件中最大限度降低使用者的移动距离，在集会广场的上方设有庭院并有效地布局运动、文化以及行政功能，通过与用地周边的直接联系，在高密度条件下实现了高绿化率的绿色校园。这个方案与1960年大高正人

曼哈顿新联合国大厦

一同发表的新宿车站再开发规划中以车站为中心的巨大人工地盘上规划办公、商业、文化设施的方案如出一辙，我仿佛见证了群造型由小见大的历程。该项目建筑面积24万平方米预计2006年完工（译者注：该项目已完工，改称Republic Polytechnic）。

新联合国大厦

2003年2月经过竞赛当选的新联合国大厦，建在联合国大厦南侧，规模约9万平方米，共有36层。众所周知联合国大厦是以柯布西耶为中心的著名建筑家集团于五十年代完成的杰作。新联合国大厦竞赛条件要求是在不破坏已建联合国大厦形态的基础上，能静静的组合其中。

新联合国大厦设计案上部凹形平面是适应联合国提出的上部设个室群下部设会议室的要求。

这三个不同实例的群造型反映了我对个体和全体构成的经验。

自（METABOLISM/1960—）以来，个体和群体这个题目的思想贯穿了我的生涯。最近考虑到个体和全体这一命题不仅限于建筑和城市设计方面，感到与个人和社会方面也有很强的联系。感觉到对今天所遇到的问题甚至对过去对未来都是要关注个体与群体关系这个题目，是对人类社会解决问题有价值的题目。

7. 空间　领域　知觉

（2011）

20世纪的建筑和城市设计中最显著的倾向，是表现在建筑物的环境之上的作为政治的心理和美的表现手段不仅是形态或象征性而是被进化的空间。因而通过空间进化的视点来看，可以对历史的连续性更明了，这30年间对样式的争论常常轮回。而科学技术在我们的都市中成为超越对非人类的动力的批判。客观的分析历史，科学技术常从属于社会的力，现代科学技术在物质环境中产生新的空间关系，可以说是由于技术的可能性而造成这种新的空间关系。

进一步说，如果避开关于样式的议论，我相信对于产生空间或新的空间关系可能的科学技术的作用的关注，是理解建筑和城市发展方向最适当的视点。

在20世纪，在空间领域主要有两次革命，一次在城市空间层次，另一次在建筑空间层次。其革命可以说都是在形而上学的概念表现。与"Universal"式均质无限定空间的出现有很深的关系。不论是好是坏，这种新的形而上学的见解，逐步消灭在我们都市中的TOPOS场所的活力（或者说给予场所先天的意味），消去建筑中的房屋概念，从而，社会在逐渐消除旧有空间境界同时，在构筑更纤细领域的表现行为手段。

首先，考虑我们卷入的都市环境中的TOPOS问题，可以从现代的首都"国际大都会"或历史的都市模型中，对其不同的进化历程观察而知。对历史都市所具有的最主要印象特征之一，是建筑外观和其场所的同一一致性。都市中心部的某些街路、开放空间、建筑、象征性建筑等各种形态，是经过几世代进化了的与功能、社会的价值观、阶层意念融入表现。再有，历史都市的变化是慢慢进行着现实反映其安定性和具有固有性的特征。

市民中新的社会阶层——今日的"白领"和"蓝领"的前身可考虑为资产阶级（bourgeoisie）、无产阶级（proletarier）出现开始，欧洲的产业革命引起急剧的社会变动和人口增加，产生戏剧性的变化。与产业革命前的社会商人、职人不同，没有为这新的阶层准备的场所，再有工业的生产方法促使资本主义发展，通货和劳动的可动性逐渐占有重要位置。因而场所固有的价值降低，都市的空间基于市场价值向商品转换。

19世纪末，世界很多巨大都市，既有共同的民族，又变为有共通语言为背景的共有人们的集团。形成多文化的新的社会集团的交流，致使场所所持有的历史性逐渐消去，促进现代主义都市均质空间的发展。

但是，在不少欧洲国家，各大城市由于对应政治权力而形成不同的城市结构，例如19世纪巴黎的由中心向外放射形大道的大胆几何学构成，与同时代伦敦街路网可相比较。前者表明是由于中央集权而产生，后者是由于伦敦大地主们对私有的境界及其场所交涉而形成的道路，更显示纤细（delicate）式权力的平衡。

资本主义的力量强过中央政府力量的民主主义社会，创造出有无限扩张可能的空间概念，在都市结构中明显反映出来。美国城市中典型的格子式模型、连续的可无限向水平方向扩张的合理的构成是适应资本投资的城市模型。如美国曼哈顿岛似的如果水平方向受制约还可以以摩天楼的方式使空间无限向上延伸。这种城市空间三次元的发展，也是香港那样的受地理制约城市中心不得不选择的方式，至今还在继续。空间同一化，可以说将都市作为白纸状态，促使开发的倾向。允许资本投资可以单独地在城市内决定建造象征性建筑或城市焦点。在近代的东京也存在政府的权力和增大的资本投资的历史模式。在广大范围断片式密集，无秩序地扩大都市占地。洛杉矶几乎也按照这一模式发展，不是用公共投资而是民间投资建设分散的副都心。1960年后期，麻省理工学院诺德温和林奇在《未来的大都市》（The Future Metropolis）一书中，提出未来都市的模型之一，是具有复数核的都市结构提案。在这模型中显示历史都市核仅是复数核之一，不是绝对的中心而是相对的中心。由复数核形成的都市结构，具有空间的相互关系，想来必然存在着可无限扩张的空间。

正如诺德温和林奇洞察对制御都市发展之力所作的预言提出的模型，被在30年后东京的发展所证实。现代的东京，呈现了复数核都市的新的极限。产业革命后由消费社会所需求的差别化归结为"自己的目的化的差别化"。在几乎具有同一功能的新副都心之间，仅有些性质的不同。

如果把"都市"定义为有着密集中心核，具有与历史首都相近似的结构才称为都市的话，也许可以说今日都市正在消亡。但正如历史家评论家多木浩二所描述：断片化的大都市印象多在人们梦中出现。说明在人们心中过去的都市印象是存续的。近代的大都市存在见过和还未见过的两种基本并列现象。见惯的风景常使我们想起并给予安定感。另一方面对不可知的风景常会产生恐怖心理和兴奋心理交汇，会使我们想象力增强。

都市对于住民来说，日常存在着奇妙的未知的空间也许是可变化增长的环境，可满足人们对未知部分增加想象力。寻求变化这也许是人们先天具有的满足未知的欲望。不可知的都市变化会唤起人们对未来环境实现自我梦境的要求。

欲望、资本、政治权利，是近代大都市形

成相关联的三种力量。近年来，都市形体结构被分散化现象不太好理解，其主要原因之一，是权力和富有渐渐退到人们视线之后，看不见的力（被空间化的权力）的出现是现代特有的特征。过去的时代，支配阶层是用建筑形态或象征性来表现自身的权力，自治体以城墙、宗教建筑物、公共集会所等物质构筑物表明其支配性。但是与启蒙运动相同很重要的变化是将形态表现权力转化为向空间结构的转换。在对18世纪的分析中，如曾被指责为，看不见的权力早期并非善意而是排除和孤立弱者之力，而现代主义理想基本原理之一是对社会成员分割现实进行协作。

柯布西耶式20世纪的理想构想，与20世纪有些人的构想之根本不同，现代主义确信"在空间方面的意念"由规划平面可实现社会状况的直接改善。未来的城市每个部分和全体合理的构成，而且具有机械模型的意味。

在建筑基于科学技术的世界观的形态操作，空间的要素被分离，或产生自由组合的可能。这样的机械模型，基于同一性的无限空间而产生出特定的空间概念。这使我们豁然醒悟，从而对科学进步有很大期待。

在都市环境方面以同一性原理和手法所带来的革命，至今这一理念完成度最高的是大学校园、主题公园、大型商业中心等，在有条件控制的场所以都市计划说来是在隔离领域内实现的。

在此，进一步叙述被隔离的理想地区最重要的不是形态，而是共有空间、主题公园、机场航站楼、购物中心、影城等的设计常存在依据商业要求而设计。在已知空间，除满足消费必要内容之外，可看出"权力的空间化"现象。

例如，从购物、娱乐设施来看，可容易地明了其空间形式从何而来，是与资金多少和消费者需要相对应，具有水平和垂直两方向无限扩张的可能。另一方面，在形态方面对应前述"自我目的化的差别化"，与消费社会的需要相对应，出现空间均质性隐蔽现象。消费者主义的基本原则所具有的主观价值显示出比实际的功能要求还要重要。

这种新的都市的（或称疑似都市式）状态，不能用过去共有相似的形态特征来考虑。但是从空间体系来考虑，室内化的商业中心和复合化的建筑，其历史起源可以追溯到19世纪欧洲出现的玻璃穹顶、拱廊，可以看作是对都市空间的革命。

在室外道路或小通道装玻璃顶的单纯行为带来戏剧效果。过去室外街路空间是马车路，而装玻璃顶后，形成商业等多种活动、多目的的都市空间集中点。我们可以认为，玻璃顶廊是具有历史最早的双重意义的空间，具有城市和房间双重性格，是可无限扩张的空间。作为都市新的未知要素，可以唤起市民们的梦想和愿望。

这是重要的遗产，创造出都市中室内化的多目的空间，现代建筑家们可能还不明了这点。这一发展改变了建筑物的形态和功能一致的观念，使建筑形态类型学永远丧失。在室外路上进行的活动和属于室内空间的特定活动之间的区别，致使室内外空间不明确，内部功能和形态表现这一对一的相应关系产生了疑问。如《错乱的纽约》书中描写的出现了城市中心竞技俱乐部式的多目的建筑。多目的建筑吸取城市多种功能，室内化后开始成为"都市中的都市"。从而，内和外、公和私、主和从这些历来明确识别的变为不明确，变成为具有多面意义的空间，这种空间至现代还在继承。密斯·凡·德·罗所提案的展示空间，不过是19世纪的这种空间的飞跃。密斯的屋顶结构远离地面，比过去的玻璃顶更加宽大，与在其下人活动的尺度并不对应，致使我们的空间感觉从地面小尺度的建筑要素限定中解放，可自由设定空间尺度。

密斯的展示大厅提案可表明近代主义无限空间最纯粹解释之一，但还不全包含"utopia理想"要素的全部。在这里，可看到科学技术的作用，科学技术并非创造新社会秩序，而是实现空间和新种类空间的手段。

伏拉研究在最小表面积用最低限的费用表现空间轮廓。他对空间的探讨胜于形态的探讨，产生多样的空间轮廓与新的结构体系，是近代建筑中结构技术带来的最重要贡献之一。

伴随空间体系的扩大化，伏拉研究境界和模产生出空间。对我们说来有很大冲击，可以说是这个时代最主要进步之一。

20世纪末至21世纪初，多元化和全球化的结果，使我们对空间的认识有更新的层面。我们在日常的体验中要求有更多种类性质的空间，空间设计技法在不断被制造出。不仅是立方体、曲线、多面体和复杂化等，领域的境界在心理和视觉方面渐渐不清晰。其结果是这几年间，空间的知觉现象受到关注。例如，在空间方面建筑界探求利用玻璃或其他透明材料等新的方法创造至今尚未有的纤维性空间关系。纽约近代美术馆1995举办"Light Construction"展，评论中，认为"至今建筑最重要的是建筑物如何定义形成我们和其他物质的关系问题"？就如在几百年前中世纪在街区见到中央广场或要塞等设施表现出的关系一样，但是建筑和城市的联系不仅是样式或形态，宁可说是社会概念在建筑中创造的空间关系。

作为都市，只不过是可提供已见和未知或各自自由作出的空间的场所。都市可以说是个人理解世界的媒体。如果说使我们受到刺激的建筑、引起兴趣的建筑其透明性、映像，对空间和视界所作的各种实验并不仅是其形态，而可以说是社会倾向的反映。定义空间的旧有要素正在消失的今日，我们逐渐敏感到定义领域所出现的差异性。

因而我们或许同意空间自体具有普遍全体性的基本规定，可以理解维持异文化的不同空间志向。例如西方某古代别墅和京都的桂离宫都是在各自的文化中表明非对称空间结构进化的划时代建筑。其区分仅表现在形态和材质。因而传统的日本建筑用形态手法比较的话，很难说桂离宫式的建筑与欧洲现代主义的均质空间是采用中性（neutral）处理手法，用语言和图两方面说明比较容易，至今研究历史多关注形态问题，与其相比，研究空间的问题较难。

如果有谁在关注研究论著空间的历史，我认为是虽然困难但有价值的事，也许会对都市或社会的进化有新的发现。与政治、文学具有不同分野理论相同，空间的历史发展具有在对立的二极之间定期摇摆的性质，其中一极是建筑的闭锁形态，另一极是基于普遍同一式的空间的建筑。

如果这一理论正确的话，20世纪对同一性之空间极端倾倒不过是一时的状态，依然依存直观和都市感觉的我们时代的建筑，也许与20世纪主要空间倾向相反。因而拒绝现代主义均质空间，在都市中创造新意义的TOPOS（场所）的必要性，在暗示着观察世界向客观的视点回归。

参考文献

［1］見えがくれする都市　槇文彦著　SD选书
162　鹿岛出版会1960.6

［2］私の建筑手法　东西アスファノムルト事
业协同组合讲演记录集1988

［3］都市と建筑　槇文彦教授東京大学最终讲
义1989.2

［4］现代の建筑家　槇文彦鹿岛出版会SD编
集部1979.9

［5］现代の建筑家槇文彦　2　1979-1986　鹿
岛出版会SD编集部1987.3

［6］现代の建筑家槇文彦　3　1987-1992　鹿岛
出版会SD编集部1994.3

［7］现代の建筑家槇文彦4　1993-1999　鹿岛
出版会SD编集部2001.3

［8］未完の形象 Fragmentary Figures　（株）

求龙堂1989.11

［9］记忆の形象　都市と建筑との间で槇文
彦　策摩书虏1992.8

［10］ヒルサイドテラス＋ウエストの世界　都
市・建筑・空间とその生活　鹿岛出版
会 2006.4

［11］Fumihiko MakiOverseas　槇文彦。最新
海外プロジェクト　PROGRESS（株）新
建筑社 2008.4

［12］Fumihiko Maki　PHAIDON　London
2009

［13］METABOLISM　THE CITY OF FUTORE
主催森美术馆　UIA211东京大会日本组
织委员会日本经济新闻社

［14］日本新建筑杂志及其他杂志汇刊多册

后 记

编写这本书是我多年的愿望。终于有机会实现了。

在这里首先感谢世界著名建筑家槇文彦多年对我的指导。

记得1985~1986年得到清华大学建筑系主任李道增先生的推荐，使我有机会到东京大学工学部建筑学科槇文彦教授的研究室作研究员，期间参与了东京大学建筑系的教学。并在槇文彦教授的指导下研究日本现代建筑及建筑家，学习了槇先生的理论及作品。还记得1985年第一次与东京大学研究室同仁一起参观刚落成的Sprial时大家激动地说不出来话的情景。

槇先生安排我与东京大学研究室香山寿夫等教授同一个办公室。之后也受到香山寿夫教授与大野秀敏教授的指导，还结识了东京大学当时建筑系的著名理论家铃木博之、稻垣荣三等著名教授。

在槇研究室期间，由于我研究日本现代建筑及现代建筑家，槇先生介绍我拜访了前川国男、丹下健三、矶崎新、黑川纪章等诸多著名建筑家。我1997年归国后编过一本《日本著名建筑事务所作品集》收录了曾拜访过的著名事务所以及作品。

在槇研究室期间，记得槇先生每次授课时，助手都在旁边铺开黄色草图纸。槇先生十分注重建筑与周边的关系。槇先生所带的研究生主要是研究都市问题，当时槇先生还有事务所的事务及作各种讲座，我也有幸都参加。我还参加过槇先生在东京大学的退休讲演，至今从槇先生研究室出身者每年都会举办一次活动。

1986年底我离开日本回到清华大学教学，两年后又赴东京大学。1988年槇先生已退休，由他推荐我到高桥鹰志研究室作研究员，我完成了博士论文，1990年得到工学博士学位。

这次编写这本书时再次读了槇先生的著作并系统学习了槇系列作品，我按照出版社要求按照评论、作品、论文三部分进行编写，尽量将槇先生如实地介绍给读者。

很感谢招商地产的董事长林少斌委托槇先生设计深圳海上世界文化艺术中心项目。槇事务所与招商双方委托我作顾问，这一年多时间里，我便有条件更深入理解槇先生的理论及作品，特别是其对项目设计精益求精的精神。

由槇先生授权，福永副社长亲自指导，长谷川参与并由迈克尔提供本书全部图片及外文资料，使本书得以完成。虽然他们并未署名，实际存在着由福永、长谷川、迈克尔和罗兵及我组成的编委会，多次在日本及国内讨论书稿，在此表示深切谢意。

另外也要感谢中国建筑工业出版社黄居正先生的推荐，使本书能在该社顺利出版。感谢责任编辑唐旭、吴佳的辛勤工作，感谢李东禧主任在本书编写过程中的大力支持。

本书得到深圳招商地产控股股份有限公司资助出版费，在此感谢招商地产董事长林少斌，总经理贺建亚，副总经理张林，并向海上世界文化艺术中心馆长助理赵蓉表示感谢。本书同时也得到华东建筑设计研究总院资助，特此向华东建筑设计研究总院张俊杰院长致谢。

本书得到了上海大学（都市社会发展与智慧城市建设）内涵建设研究项目资助，特向上海大学副校长李友梅致谢。

作者简介

傅克诚（FU KE CHENG）上海大学教授、建筑学专业、中国国家一级注册建筑师。毕业于清华大学建筑学院，获日本东京大学工学博士。曾任清华大学建筑学院副教授和日本东京大学工学部建筑系研究员（槙研·高桥研）。曾担任第七届全国人民代表大会代表，第九届、第十届上海市政协常委，原上海市市政府参事。

主要研究领域有建筑理论和城市研究，研究方向有中日建筑比较研究、日本现代建筑及建筑家、中央商务区CBD研究等，发表论文有世界三大金融中心纽约伦敦东京中央商务区CBD特征、集约型城市研究（紧凑度方便度安全度）

其代表著作有《日本著名建筑事务所代表作品集》、《地震应急干预政策研究》共著

参与项目：北京CBD商务中心区规划（国际竞赛二等奖）、深圳蛇口海上世界顾问及海上世界文化艺术中心顾问、日本日光迎宾馆等。